信息技术人才培养系列教材

U0160584

通信系统与技术基础

中兴协力（山东）教育科技集团｜策划

陈彦彬 冷建材｜主编

于倩 纵兆松｜副主编

人民邮电出版社

北 京

图书在版编目（ＣＩＰ）数据

通信系统与技术基础 / 陈彦彬，冷建材主编. -- 北京 ：人民邮电出版社，2022.2
信息技术人才培养系列教材
ISBN 978-7-115-56019-3

Ⅰ. ①通… Ⅱ. ①陈… ②冷… Ⅲ. ①通信系统－教材②通信技术－教材 Ⅳ. ①TN914

中国版本图书馆CIP数据核字(2021)第030591号

内 容 提 要

本书全面地介绍了各类通信系统的基本原理、技术特点、系统架构和系统应用，并力求将关键的通信技术融入其中。全书共 7 章，包括通信概述、交换技术和网络、计算机通信网络、光纤通信技术、移动通信技术、微波通信与卫星通信、物联网通信技术。最后的"缩略语"部分列出了通信相关的主要专业术语的中英文对照和缩写。

本书可作为普通本科院校和高职高专院校通信工程、网络工程、电子信息等专业的教材，也可作为通信工程技术人员的入门学习资料。

◆ 主　　编　陈彦彬　冷建材
　　副主编　于　倩　纵兆松
　　责任编辑　张　斌
　　责任印制　王　郁　陈　犇

◆ 人民邮电出版社出版发行　　北京市丰台区成寿寺路 11 号
　　邮编　100164　　电子邮件　315@ptpress.com.cn
　　网址　https://www.ptpress.com.cn
　　北京九州迅驰传媒文化有限公司印刷

◆ 开本：787×1092　1/16
　　印张：11.75　　　　　　　　2022 年 2 月第 1 版
　　字数：219 千字　　　　　　 2024 年 7 月北京第 3 次印刷

定价：49.80 元

读者服务热线：(010)81055256　印装质量热线：(010)81055316
反盗版热线：(010)81055315
广告经营许可证：京东市监广登字 20170147 号

系列教材编写委员会

主　任　陈彦彬　中兴协力（山东）教育科技集团
　　　　　冷建材　齐鲁工业大学
副主任　于　倩　滨州职业学院
　　　　　纵兆松　鲁北技师学院
委　员　李英德　潍坊学院　　　　　　　　杨经纬　山东水利职业学院
　　　　　孙　志　威海海洋职业学院　　　　吴晓燕　莱芜职业技术学院
　　　　　林　霏　齐鲁工业大学　　　　　　洪晓芳　山东劳动职业技术学院
　　　　　姜　荣　威海职业学院　　　　　　张炳亮　山东畜牧兽医职业学院
　　　　　滕丽丽　济南职业学院　　　　　　郭　宁　山东财经大学东方学院
　　　　　李　翠　济南职业学院　　　　　　王桂东　济南幼儿师范高等专科学校
　　　　　成　乐　滨州职业学院　　　　　　徐　强　山东经贸职业学院
　　　　　薛炳青　滨州职业学院　　　　　　郭继东　山东财经大学燕山学院
　　　　　赵白露　滨州职业学院　　　　　　边振兴　山东理工职业学院
　　　　　王晓蓓　滨州职业学院　　　　　　潘树龙　烟台职业学院
　　　　　胡永生　滨州学院　　　　　　　　裴勇生　德州职业技术学院
　　　　　曲昇港　中兴协力（山东）教育科技集团　陈　建　山东服装职业学院
　　　　　宋伟伟　威海海洋职业学院　　　　董良新　烟台汽车工程职业学院
　　　　　王保森　威海海洋职业学院　　　　张立立　东北大学
　　　　　王彦功　临沂大学沂水校区
　　　　　刘振伶　临沂大学沂水校区
　　　　　张秀梅　德州学院
　　　　　张　营　济宁学院
　　　　　杜玉红　山东电子职业技术学院
　　　　　吴越飞　聊城职业技术学院
　　　　　李　琴　潍坊工程职业技术学院
　　　　　周长运　济宁职业技术学院
　　　　　李素叶　济南职业学院
　　　　　于松亭　烟台工程职业技术学院
　　　　　王朝娜　青岛农业大学海都学院

通信技术是人类文明传承和社会进步的主要驱动力之一。21 世纪是通信技术飞速发展的时代，特别是近年来，以 4G、5G、光纤通信、物联网等为代表的现代通信技术日新月异。在这些技术的基础上发展起来的业务和应用，广泛地进入人们生活、工作的各个方面，也使我们的社会发生了变化。因此，学习和了解通信技术和通信系统成为通信、计算机、信息、电子、物联网等专业的刚需。为了让这些专业的学生能在有限的时间内学习到基本的通信知识，了解基本的通信技术和系统，我们编写了本书。

概括地说，通信技术和通信系统主要包括信息的发送和接收、信息的传递和信息的交换 3 个方面，因此本书围绕这 3 个方面展开阐述。另外，简明扼要、通俗易懂是本书的主要特色。本书在简要介绍通信基本常识和基本概念的基础上，着重介绍在现代通信发展史上产生过重大影响并被广泛使用的通信技术和通信系统，一些在通信发展史上技术先进但是昙花一现的技术和系统在本书中没有被提及。

本书共 7 章，主要内容如下。

第 1 章是本书的引子，主要介绍通信的起源和发展、通信的基本概念、通信系统的分类和通信标准化组织。

第 2 章介绍交换技术和网络。交换技术是通信发展史上最重要的技术之一，基于不断发展的交换技术的各种交换系统不断推陈出新，是通信技术和系统进步的主要标志。本章主要介绍电路交换、报文交换和分组交换三大交换技术，并介绍了以三大交换技术为基础的电话交换网络、软交换网络、IMS 网络和信令网络。

第 3 章介绍计算机通信网络。数据通信最早是一种计算机通信技术，随着数据通信技术中作为主要协议的 IP 技术的成熟和相应硬件的发展，通信中信息传输的 IP 化成为主流。因此，数据通信逐渐成为通信的基础技术之一。本章重点介绍了计算机通信网络体系的结构和协议、交换原理、协议和交换机，以及路由原理、协议和路由器等。

第 4 章介绍光纤通信技术。光纤自 20 世纪 80 年代第一次用于传输通信信号起，当前已经成为主要的信息传输介质之一，光纤通信系统也成为当前主要的接入和传输系统。本章首先介绍了光纤的结构、种类和传输特性，然后介绍了光纤传输网、光纤接入网。

第 5 章介绍移动通信技术。移动通信是通信中发展最快的领域。从 20 世纪 80 年代中期开始，经过 30 多年的更新换代，移动通信已经从 1G 发展到 5G，将人们从基本的电话、短信沟通交流的时代带入了移动互联的时代。本章重点介绍移动通信网络的演进、无线传播特性、移动通信基本技术、移动通信常用术语、4G 网络的结构与组成、5G。

第 6 章介绍微波通信与卫星通信。微波通信是直接使用微波作为介质进行的通信，在我国，微波一般用于载波中继通信。卫星通信就是地球上的无线电通信站间利用卫星作为中继进行的通信，具有重要的战略意义，是国家基础建设的重要环节。本章重点介绍微波通信、微波通信设备、卫星通信和几种典型的卫星通信系统。

第 7 章介绍物联网通信技术。本章重点介绍了物联网的概念和体系架构、短距离无线通信技术和低功耗广域物联网通信技术。

本书的内容较全面地涵盖了通信技术和通信系统的基础知识，并提供了教学课件、习题答案、教学大纲等配套资源，读者可登录人邮教育社区（www.ryjiaoyu.com）下载。

由于编者水平有限，书中难免存在不妥之处，敬请读者批评指正。

目 录

1

01 第1章 通信概述

　　本章是本书的"引子"，首先介绍通信的起源及通信发展史上的重要时刻，让读者对通信发展史有一个大概的了解；接着介绍与通信相关的基本概念、基本原理和基本组成，并按照不同的分类方式对通信系统进行分类；最后为了让读者更好地理解通信技术标准的由来，对几个重要的通信标准化组织的组成和功能进行介绍。

1.1　通信的起源和发展

　　通信（Communication）一直陪伴着人类的发展。早在远古时期，人们就通过简单的语言、手势等方式进行信息的交换。"烽火狼烟，快马加鞭"生动地描述了我国古代的通信技术。通信在我国的古代也流传出了很多故事，如烽火传军情、鸿雁传书等。在其他国家，通信的方式也多种多样，如长跑、灯塔、通信塔、旗语等。体育项目马拉松就是源于通信的一种运动。在现代社会中，交通警的指挥手语、航海中的旗语等也是古老通信方式进一步发展的结果。这些通信方式所传递的信息主要是依靠人的视觉与听觉来直接感知并接收的。

　　上述通信方式的共同特点是操作方式相对简单，传递慢且不及时，而且受时间和空间限制，受外界环境影响大，易造成信息丢失。随着人类生活范围及"社交圈"的不断扩大，视觉和听觉上的信息交换已不能满足人类的需求。因此，创新出依赖其他方式的通信方法成为人类文明发展史的重要部分。

　　1753年2月，《苏格兰人》杂志发表了一封署名C. M.的信。在这封信中，作者提出了用电流进行通信的大胆设想。虽然相关技术在当时还不成熟，而且缺乏应用推广的环境，但这封信让人们看到了电信时代的一缕曙光。

1793 年，法国在巴黎和里尔之间架设了一条 230km 的用接力方式传送信息的托架式线路。这是一种由 16 个信号塔组成的通信系统。由信号员在下边通过绳子和滑轮操纵支架将信号机变成不同角度，表示相关的信息，这被认为是电报的雏形。

1835 年，美国人塞缪尔·莫尔斯（Samuel Morse）成功地研制出世界上第一台电磁式电报机，并用电流的"通""断"和电流通断的时间"长""短"来代替文字进行传送，这就是"莫尔斯电码"。

1875 年，原籍苏格兰的亚历山大·格拉汉姆·贝尔（Alexander Graham Bell）发明了世界上第一台电话机，直接将声信号转变为电信号并沿导线传送，并于 1876 年申请了发明专利。1878 年，贝尔在相距 300km 的波士顿和纽约之间进行了首次长途电话实验，获得了成功。

19 世纪，人们开始研究用电磁波传送电信号。1864 年，麦克斯韦（Maxwell）从理论上证明了电磁波的存在；1887 年，赫兹（Hertz）用实验证实了电磁波的存在；1896 年，意大利人马可尼（Marconi）第一次用电磁波进行了长距离通信实验，开辟了人类通信方式的新纪元。虽然开始时传输距离仅数百米，但经过不断改进，1901 年，马可尼成功地实现了横跨大西洋的无线电通信。从此，传输电信号的通信方式，特别是无线电通信方式，得到广泛应用和迅速发展，世界进入了电通信的新时代。

20 世纪 20 年代，通信建设和应用广泛发展，人们开始利用铜线实现市内和长途有线通信，又利用短波实现远距无线通信和国际通信。20 世纪 30 年代至 40 年代，人们利用铜线传输载波电话信号，使长途有线通信容量加大，电信号的频分多路技术开始步入实用阶段。

20 世纪 50 年代至 60 年代，半导体晶体管开始在电子电路中替代电子管，其后进入集成电路及超大规模集成电路的时代。通信设备随之更新，开始出现最早的公用电话交换网。

20 世纪 60 年代，电子计算机应用增多，数据通信开始兴起，电话编码技术得到应用，模拟通信开始向数字通信过渡。

20 世纪 70 年代，玻璃光纤研制成功，使传输网络从电缆通信向光纤通信过渡。地球同步轨道运行的通信卫星发射成功，卫星通信开始对国际通信和电视转播做出贡献，也经常在特殊地理环境下作为有线接入技术的替代与补充。

20 世纪 80 年代，各种信息业务应用增多，通信网络开始向数字化发展。电信号的时分多路技术走向成熟，公用电话交换网（Public Switched Telephone Network，PSTN）

逐渐得到普及，蜂窝网等各种无线移动通信业务向公众开放，使个人通信得到迅速发展。第一代（1st Generation，1G）移动通信技术的代表高级移动电话系统（Advanced Mobile Phone System，AMPS）得到广泛的应用。

现代移动通信以 1986 年第一代移动通信技术发明为标志，经过 30 多年的爆发式增长，极大地改变了人们的生活方式，并成为推动社会发展的最重要动力之一。随着移动通信系统带宽和能力的增加，移动网络的数据传输速率也飞速提升，从第二代（2nd Generation，2G）移动通信技术的 10kbit/s，发展到第四代（4th Generation，4G）移动通信技术的 1Gbit/s，足足增长了 10 万多倍。

20 世纪 90 年代，Internet 在全世界兴起，在吸引众多计算机用户踊跃上网的同时，也吸引人们更多地使用计算机。人们可以在网上快速实现国内和国际通信并获取各种有用信息，而仅需支付低廉的费用。从此，通信网络的数据业务量急剧增长。这使得以互联网协议（Internet Protocol，IP）为标志的数据通信，在通信网络逐渐占据更为重要的地位。同时，在光纤通信技术中，波分复用（Wavelength Division Multiplexing，WDM）取得成功，与电信号的时分复用（Time Division Multiplexing，TDM）相结合，线路的传输容量显著加大，足以适应通信业务量急速增长的需要。

历代移动通信的发展，都以典型的技术特征为代表，同时诞生出新的业务和应用场景。当前正在高速发展的移动通信技术已经进入第五代（5th Generation，5G），而 5G 移动通信技术不同于传统的前几代移动通信技术，它不再由某项业务能力或者某个典型技术特征所定义，而是由多个应用场景群和相应的多个关键技术指标来定义；它不仅是更高速率、更大带宽、更强能力的技术，而且是一个多业务、多技术融合的网络，更是面向业务应用和用户体验的智能网络，最终打造出以用户为中心的信息生态系统。

1.2　通信的基本概念

1.2.1　通信的定义

通信，就是信息的传递，是指人与人或人与自然之间通过某种行为或媒介进行的信息交流与传递。通信从广义上指需要信息的双方或多方在不违背各自意愿的情况下采用任意方法、任意介质，将信息从某一方准确、安全地传送到另一方的传输过程。

通信在不同的环境下有不同的解释。在出现电波传递通信后，通信被单一地解释为信息的传递，是指由一地向另一地进行信息的传输与交换，其目的是传输消息。在各种各样的通信方式中，利用"电"来传递消息的通信方法称为电信（Telecommunication）。

国际电信联盟（International Telecommunication Union，ITU）将电信定义为"使用有线电、无线电、光或其他电磁系统的通信"。利用任何电磁系统，包括有线电信系统、无线电信系统、光学通信系统及其他电磁系统，采用任何表示形式，包括符号、文字、声音、图像以及由这些形式组合而成的各种可视、可听或可用的信号，从发信者向一个或多个接收者发送信息的过程，都称为电信。因此，电信是通信的一种方式。这种通信方式具有迅速、准确、可靠等特点，且几乎不受时间、地点、空间、距离的限制，因而得到了飞速发展和广泛应用。

通信专业中所讲的通信，基本上采用电信这个概念中所指的通信内涵。但随着现代技术的发展，电信概念中所指的通信已不能完整反映通信所面临的新问题。因为电信概念中涉及的只有电磁系统，并没有包括非电磁系统（如声学系统），这样水下声通信系统就不属于通信的范畴。通信更广泛的定义是将信源端信号转换为电信号并进行某种处理，使之适用于特定的传输信道，在信宿端再将接收到的信号还原为电信号并最终还原出信源端信号的过程。

随着现代科学技术的飞速发展，相继出现了程控交换、移动通信、计算机通信等各种通信技术，并建成了全球性的综合通信网络和互联网。通信技术拉近了人与人之间的距离，提高了经济的效率，深刻地改变了人类的生活方式和社会面貌。

1.2.2 通信中的基本概念

1. 通信系统和通信网

通信系统由信号传输过程所涉及的全部要件组成，如信源、发信设备、信道、交换设备、接信设备、信宿。在信息传输过程中，外部信号或者内部不同信号之间会对传输的正常信号产生干扰，这就是噪声。通信系统的组成如图 1-1 所示。

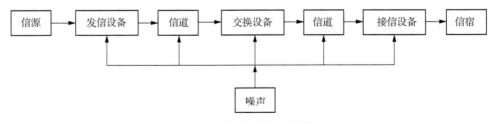

图 1-1　通信系统的组成

在通信系统中，信源是发出信息的信息源，即信息的发送者。信宿是信息传送的终点，也就是信息的接收者。信道是信息传输的通道，有时也会被称为介质或载体。如驿站、烽火台、电磁波、同轴电缆、双绞线、光纤等都是信道。现有信道可以被分为两大类：有线信道和无线信道。噪声也称为噪声源，它并不是人为实现的通信系统必需的实体，而是在实际通信系统中客观存在的。

通信系统的任务是对通信系统组成部分中的各要件进行研究，从而最可靠、最有效、最方便、最经济地实现通信目标。在通信系统中，除硬件设备外，还有协调这些硬件设备进行有序化工作的规程和约定，如各种信令、协议、标准等。

通信网是指由多个终端节点、交换节点和连接这些节点的传输系统有机地组织在一起的，按约定的信令或协议完成任意用户间信息交换的系统。按照通信网传输内容和服务对象的不同，通信网可分为不同的、具有一定特点的专用网络。

2. 电磁波

电磁波是电磁场的一种运动形态。电与磁可以说是一体两面，变化的电场会产生磁场，即电流会产生磁场，而变化的磁场则会产生电场。变化的电场和变化的磁场构成了一个不可分离的统一的场，这就是电磁场。而变化的电磁场在空间传播形成了电磁波，也常称为电波。

同其他形式的波一样，电磁波的波长是指一个振动周期传播的距离，通常用符号 λ 表示。电磁波的频率定义为每秒周期变化的次数，通常用符号 f 表示，其单位（Hz）用德国物理学家赫兹的名字来命名。电磁波的波速、波长和频率的关系为 $v = \lambda f$，这个公式也被称为波的基本公式。电磁波的波速 v 是著名的物理学常数之一，也就是通常所说的光速，这是由于光也是一种电磁波。根据这个公式，波长和频率中的一个量确定了，另一个量也就确定了。

无线通信利用电磁波来传递信息。最常使用的方法就是利用电磁波的 3 个基本特征参数（频率、振幅和相位）来携带信息，通过发送端的天线将电磁波发射出去，在接收端同样利用天线来接收电磁波。使电磁波携带信息的方法称为调制，从携带信息的电磁波中获取信息的方法称为解调。

3. 同步和异步

同步是指发送端和接收端按照统一的"时钟节拍"工作，传送和接收都是以数据块（一组字节，通信术语为"帧"）为单位，帧与帧之间、帧内部的位与位之间都同步。产生这个同步节拍的设备在通信系统中称为系统时钟或同步时钟，它的节拍频率称为时钟频率，不同的系统对频率精度有不同的要求。系统时钟输出的信号称为时钟信号，通常为一个频率非常稳定的周期脉冲信号。采用同步方式的通信称为同步通信，同步通信需要发送端在发送信息的同时发送时钟信号，接收端根据收到的时钟信号来进行工作。

异步是指发送端和接收端没有统一的时钟节拍，而是按照自己的时钟节拍工作，异步通信时接收端不需要一直在意发送端。显然，在收发双方工作的频率不固定时，不适合使用同步通信而适合使用异步通信。在异步通信系统中，发送的字节内部的每一位采用固定的时间模式，字节之间间隔任意，用独特的起始信号（或起始位）和终止信号（或结束位）来限定每个字节，传输效率较同步传输低。

4. 并行和串行

并行是指信源和信宿之间通过多条传输线交换数据，数据的各位同时进行传送。它的特点是数据以字节成帧，对时钟要求严格，必须有校验，传输速度快（多个位同时传输），通信成本高（多条线路），不支持长距离传输（受各条线路之间分布电容的影响），适用于短距离通信，且要求通信速率较高的应用场合。

串行是指信源和信宿之间仅通过一条传输线交换数据，数据按顺序一位接一位地依次传送。它的特点是数据以字节成帧，对时钟要求不太严格，可以没有校验，传输速度低（一次一位），通信成本低（一条线路），支持长距离传输。

5. 单工、半双工和全双工

（1）单工：通信是单向的，即通信的双方在任意时刻只能向一个方向发送信息，电视、广播就是典型的单工通信应用。

（2）半双工：指两个设备都能收发信号，但是两个过程不能同时进行。即通信的双方可以交替改变方向进行信息收发，但在任一特定时刻，信息只能向一个方向传输。半双工通信可以看作一种可切换方向的单工通信。对讲机就是典型的半双工通信应用。

（3）全双工：指两个设备能够同时进行信息收发，即通信的双方在任意时刻都可以进行信息收发。例如手机通信就是全双工通信，计算机通信也是全双工通信。

6. 模拟信号和数字信号

模拟信号是指用连续变化的物理量表示的信号，其信号的幅度（或频率、相位）随时间连续变化，或在一段连续的时间间隔内，其代表信息的特征量可以在任意瞬间呈现为任意数值的信号。数字信号是指用一组特定的、有限个数的量来描述的信号，典型的就是用最为常见的二进制数字来表示的信号。采用二进制数字表示信号的根本原因是电路只能表示两种状态，即通与断。模拟信号和数字信号的波形图示意如图1-2所示。

模拟信号的主要优点：精确的分辨率，在理想情况下，它具有无穷大的分辨率；与数字信号相比，模拟信号的信息密度更高；由于不存在量化误差，它可以对自然界物理量的真实值进行尽可能逼近的描述。模拟信号的主要缺点是它容易受到干扰，且干扰信号不容易从被收到的信号中过滤掉。

图 1-2　模拟信号和数字信号的波形图示意

数字信号的主要优点是抗干扰能力强。数字信号只有 0、1 两个状态，分别用两个有差别的电信号来表示。它的值是通过信号的中央值来判断的，中央值以下规定为 0，中央值以上规定为 1。所以即使混入了其他干扰信号，只要干扰信号的值不超过阈值范围，也可以再现原来的信号。

7. 电路交换与分组交换

电路交换是以电路连接为目的的交换方式。通信之前要在通信两方之间建立一条被两方独占的物理通道，即电路连接，并保持到通信结束。

分组交换也称为包交换，即将用户通信的数据划分成多个更小的数据段，在每个数据段的前面加上必要的控制信息作为数据段的首部，每个带有首部的数据段就构成了一个分组。首部指明了该分组发送的地址，当交换机收到分组之后，将根据首部中的地址信息将分组转发到目的地，这个过程就是分组交换。能够进行分组交换的通信网被称为分组交换网。

分组交换的本质就是存储转发。存储转发是指将所接受的分组暂时存储下来，在目的路由上排队，当可以发送信息时，再将信息发送到相应的路由上，完成转发。存储转发的过程就是分组交换的过程。

8. 信噪比

信噪比（Signal-Noise Ratio，SNR 或 S/N）是指一个电子设备或者电子系统中信号与噪声的比例。信噪比是度量通信系统通信质量可靠性的一个主要技术指标。根据通信中不同的需要，有不同的表达方式。

在调制信号传输中，信噪比一般是指信道输出端（接收机输入端）的载波信号平均功率与信道中的噪声平均功率的比值。

增大或改善信噪比是提高通信质量的一项主要任务。在传输中，可通过改善传输手段和提高设备能力来完成这项任务，例如采用光缆、同轴电缆或卫星信道以减少传输损耗和噪声。但信道选定后，主要靠提高设备能力来完成这项任务，例如在卫星通信中提高天线增益和降低接收机等效噪声温度等。

香农信息论公式 $C=W \times \log_2(1+S/N)$ 指出，信道容量 C 取决于信道带宽 W 和信噪比。当 C 不变时，增大 W 可降低信噪比，提高信噪比可以压缩带宽。因此，当抗干扰为主要任务时，可扩展频带换取低信噪比，调频与扩频均基于这一原理。当扩展频带为主要任务时，则可用信噪比换取频带，多进制、多电平传输均基于这一原理。

9. 信号强度

信号强度指的是信号的绝对功率数，通常不用瓦（W）或毫瓦（mW）表示，而是用 dBm 来表示。dBm 是一个通信中常用的表征功率绝对值的单位，数值由功率 P 的毫瓦值折算得到。计算公式为：$10\lg(P/1\text{mW})$。例如发射功率 P 为 1mW，按 dBm 单位进行折算后的值应为 $10\lg(1/1)=0\text{dBm}$；如 40W 为功率，则有 $10\lg(40\text{W}/1\text{mW})=10\lg(40000)=46\text{dBm}$。dBm 为负值则说明功率小于 1mW。手机接收的信号强度通常为 -90～-60dBm。如果是 -50～0dBm 范围内，那说明信号已经非常好了，一般在基站附近才能获得；如果小于 -90dBm，可能通信质量就要受影响了。

10. 带宽

带宽一词最初指的是电磁波频带的宽度，也就是信号的最高频率与最低频率的差值。例如一个系统可以使用的电磁波频率范围是 923～945MHz，那么它的带宽就是 945MHz-923MHz=22MHz。目前，带宽被更广泛地运用在数字通信中，用来描述网络或线路理论上传输数据的最高速率。在单位时间内从网络中的某一点到另一点所能通过的"最高数据率"，即每秒传送的位数，称为数字系统的带宽，单位是 bit/s，习惯上有时也会写作 bps（bit per second）。例如现在常见的家庭宽带，其带宽一般是 100Mbit/s。

11. 厄兰

厄兰（Erlang）是通信技术里表示话务量强度的单位，可以缩写成 Erl，在通信业界也常被称为爱尔兰。19 世纪末，丹麦数学家厄兰（Erlang）致力于研究怎样通过有限的服务能力为大量的用户服务。为了纪念他，人们用他的名字作为话务量强度的单位。1Erl 表示一个完全被占用的信道的话务量强度（单位小时或单位分钟内的呼叫时长）。例如，一个在一小时内被占用了 30 分钟的信道的话务量为 0.5Erl。Erlang 是衡量话务量大小的一个指标。如果某个基站的语音信道经常处于占用的状态，我们说这个基站的 Erlang 高。通信业界经验认为，当每信道话务量大于 0.7Erl 时，话务就会有溢出。随着通信网络的全网 IP 化，信道上传输的信息已经全部是分组的 IP 数据包，传统意义上的具有固定速率的、通话需要固定占用的信道已经不存在，因此也就没有了信道一直占用的概念，厄兰这个单位已经不再使用。目前的话务量一般用数据流量来表征。

12. 调制和解调

通信系统中发送端的原始电信号通常具有频率很低的频谱分量，这种信号称为基带信号。通俗地讲，基带信号就是直接表达了要传输的信息的信号。例如我们说话的声波通过话筒转换为电信号，这种电信号就是基带信号。基带信号一般不适宜直接在信道中进行传输，通常需要将它变换成频带适合信道传输的高频信号，这一过程被称为调制。调制就是用基带信号去控制载波信号的某个或几个参量（例如频率、幅度、相位）的变化，这样载波信号就变为已调信号，其中携带着基带信号的信息。经过信道传输后，接收端通过具体的方法从已调信号的参量变化中将原始基带信号恢复出来，这个过程就是解调。调制可以根据基带信号的不同分为模拟调制和数字调制，根据所控制的载波参量的不同，又分为调频、调幅和调相。

调制本身是一个电信号变换的过程，即按 A 信号的特征去改变 B 信号的某些特征值（参量），导致 B 信号的这个特征值发生有规律的变化。这个规律是由 A 信号本身的规律所决定的，因此，B 信号就携带了 A 信号的相关信息。接收到 B 信号后，可以把 B 信号上携带的 A 信号的信息提取出来，从而实现 A 信号的再生，这就是调制和解调的作用。上述 A 信号就是调制信号，B 信号是被调制信号，也称为载波，完成调制的 B 信号称为已调信号。

13. 复用和多址

通信术语中的复用，指的是信道复用技术，即让多个信息源共用一条物理信道，并且互不干扰的技术。复用就是将一个物理信道根据时间、频率、空间等资源划分为多个虚拟信道，同时供多个信息源使用。常用的复用技术有频分复用（Frequency Division Multiplexing，FDM）、时分复用（TDM）、码分复用（Code Division Multiplexing，CDM）、空分复用（Space Division Multiplexing，SDM）。频分复用是用频谱搬移的方法使不同信号占据不同的频率范围；时分复用是用抽样或脉冲调制的方法使不同信号占据不同的时间区间；码分复用是用互相正交的码型来区分多路信号；空分复用是指利用空间的分割来实现复用。

多址技术指如何让多个用户共享信道资源，从而同时实现通信的技术，即不同用户占用不同信道资源来实现通信。这些信道资源就是复用技术所采用的时间、频率、空间等，可以理解为多址技术是复用技术的一个具体应用。常用的多址技术有频分多址（Frequency Division Multiple Address，FDMA）、时分多址（Time Division Multiple

Address，TDMA）、码分多址（Code Division Multiple Address，CDMA）、空分多址（Space Division Multiple Address，SDMA）、正交频分多址（Orthogonal Frequency Division Multiple Address，OFDMA）等。

多址和复用的逻辑关系是：实现多址肯定要利用复用技术，即不同用户必须占用不同的资源才能区分开来；而复用不一定多址，即单个用户可以同时占用多个资源进行接收，例如在全球移动通信系统（Global System for Mobile Communication，GSM）和 3G 中一个用户占用多个频道、多个码道或多个时隙来提高传输速率。另一个复用的例子是在有线宽带接入中，通常利用频分复用技术实现多业务共享一条信道。例如在早期的非对称数字用户线（Asymmetric Digital Subscribe Line，ADSL）中，语音、上行数据、下行数据分别占用不同的频带来传输。

多址技术在各代移动通信系统中都是关键技术。例如 2G 的 GSM 主要采用 TDMA，3G 的宽带码分多址（Wideband Code Division Multiple Access，WCDMA）采用 CDMA，4G 采用 OFDMA。

1.3 通信系统的分类

通信系统根据不同的标准有多种分类方式，下面列举一些常见的分类。

1.3.1 按通信业务分类

通信系统按通信业务分为话务通信和非话务通信。话务通信即电话业务，在传统电信领域中一直占主导地位。近年来，非话务通信发展迅速，已经远超电话业务成为通信业务的主流。非话务通信主要是分组数据业务、计算机通信、数据库检索、电子信箱、电子数据交换、传真存储转发、可视图文及会议电视、图像通信等。

1.3.2 按信号特征分类

通信系统按照信道中传输的是模拟信号还是数字信号，可以分成模拟通信系统和数字通信系统两大类。

模拟通信是利用模拟信号，例如正弦波的幅度、频率或相位的变化，或者利用脉冲的幅度、宽度或位置变化来模拟原始信号，以达到通信的目的。

模拟通信的例子在我们日常生活中很多。例如，广播电台通过空中传输广播节目，无线电视台通过空中传输电视节目，有线电视台通过光缆和同轴电缆传输电视节目，话务通过普通电话线传输等。现在普通的电视机、音箱，以及早期流行的录像机、CD 机、

VCD 机等设备，通过音频、视频信号线互相传输信息，这也都是模拟通信的例子。总之，模拟通信传输的是音频、视频等模拟信号。

模拟通信的优点是直观且容易实现，但存在两个主要缺点。一是保密性差，模拟通信，尤其是微波通信和有线（明线）通信，很容易被窃听。只要收到模拟信号，就容易得到通信内容。二是抗干扰能力弱，电信号在沿线路传输的过程中会受到外界和通信系统内部的各种噪声干扰，噪声和信号混合后难以分开，使得通信质量下降。线路越长，噪声的积累也就越多。

数字通信是用数字信号作为载体来传输消息的，或用数字信号对载波进行数字调制后再传输的通信方式。它可传输电报、数据等数字信号，也可传输经过数字化处理的语音和图像等模拟信号。以计算机为终端的数据通信，因信号本身就是数字形式，故属于数字通信。

数字通信最主要的优点是抗干扰能力强。即使因干扰信号的值超过阈值而出现了误码，只要采用一定的编码技术，也能将出错的信号检测出来并加以纠正。因此，与模拟通信相比，数字通信具有更高的抗干扰能力，支持更远的传输距离。

另外，数字通信还具有易加密、易与现代技术相结合等优点。由于计算机技术、数字存储技术、数字交换技术及数字处理技术等现代技术的飞速发展，许多设备、终端接口产生的均是数字信号，因此极易与数字通信系统相连接。数字通信已经成为主要的通信方式，现代绝大多数的通信系统都是数字通信系统。

1.3.3　按传输介质分类

按传输介质，通信系统可分为有线通信系统和无线通信系统两大类。有线通信以传输线缆作为传输的介质，它包括电缆通信、光纤通信等；无线通信利用无线电波在自由空间传播信息，它包括微波通信、卫星通信、移动通信等，下面介绍几个重要的分类。

电缆通信是利用电缆作为传输介质的有线通信，通常采用复用技术实现电话、电报、图像、数据等的多路通信。电缆是由多根互相绝缘的导线或导体构成缆芯，外部具有密封护套的通信线路，有的在护套外面还装有外护层。电缆有架空、直埋、管道和水底等多种敷设方式，按结构可分为对称、同轴和综合电缆。通信电缆传输频带较宽，通信容量较大，受外界干扰小，但不易检修。

光纤通信是以光波作为信息载体，以光纤作为传输介质的一种通信方式。由于光纤传输频带宽、抗干扰性高和信号衰减小，指标远优于电缆通信、无线电波等，已成为当今通信中的主要传输方式，传统的电缆通信已经基本被光纤（光缆）通信所代替。

移动通信是无线通信最广为人知的应用之一，是无线通信的现代化技术。这种技术是无线通信、电子计算机、移动互联网发展的重要成果之一。移动通信技术经过 1G、2G、3G、4G 的发展，目前已经迈入了 5G 时代。可以说，移动通信技术是当今发展最快，对人类社会最重要的通信技术之一。

1.3.4　按工作频段分类

按通信设备工作时使用的信号频段不同，通信可分为低频通信、中频通信、高频通信等。针对特定的几种通信方式，人们更习惯用波长来称呼。例如把低频通信称为长波通信（波长通常超过 1000m）、中频通信称为中波通信（波长通常为 100～1000m）、高频通信称为短波通信（波长通常为 10～100m）。另外，当通信使用的电磁波频段接近可见光频段时，由于其频率非常高，表征起来不太方便，所以人们通常习惯用波长而不是频率来指代信号。例如一般称光纤通信中常用的电磁波为 1310nm、1550nm。频段划分及典型应用如表 1-1 所示。

表 1-1　　　　　　　　　　　　频段划分及典型应用

频段	名称	典型应用
3Hz～30Hz	极低频（ELF）	远程导航、水下通信
30Hz～300Hz	超低频（SLF）	水下通信
300Hz～3kHz	特低频（ULF）	远程通信
3kHz～30kHz	甚低频（VLF）	远程导航、水下通信、声呐
30kHz～300kHz	低频（LF）	导航、水下通信、海事通信、无线电信标
300kHz～3MHz	中频（MF）	广播、海事通信、测向、遇险求救、海岸警卫
3MHz～30MHz	高频（HF）	远程广播、电报、电话、传真、搜寻救生、飞机与船只间通信、船岸通信、业余无线电
30MHz～300MHz	甚高频（VHF）	电视、调频广播、陆地交通、空中交通管制、出租汽车、警用、导航、飞机通信
300MHz～3GHz	特高频（UHF）	电视、移动通信、微波链路、无线电探空仪、导航、卫星通信、卫星导航、监视雷达、无线电高度计
3GHz～300GHz	超高频（SHF）	卫星通信、移动通信（5G）、无线电高度计、微波链路、机载雷达、气象雷达
300GHz～3THz	亚毫米波	雷达着陆系统、卫星通信、铁路业务
3THz～43THz		未划分，实验用
43THz～430THz	红外线	光通信系统
430THz～750THz	可见光	光通信系统
750THz～3000THz	紫外线	光通信系统

1.4　通信标准化组织

1.4.1　国际电信联盟

国际电信联盟的历史可以追溯到 1865 年。为了顺利实现国际电报通信，1865 年 5 月，法、德、俄、意等 20 个欧洲国家的代表在巴黎签订了《国际电报公约》，国际电报联盟（International Telegraph Union）也宣告成立。随着电话与无线电的应用与发展，国际电报联盟的职权不断扩大。1906 年，德、英、法、美、日等 27 个国家的代表在柏林签订了《国际无线电报公约》。1932 年，70 多个国家的代表在西班牙马德里召开会议，将《国际电报公约》与《国际无线电报公约》合并，制定了《国际电信公约》，并决定自 1934 年 1 月 1 日起正式将国际电报联盟改称为国际电信联盟（International Telecommunication Union，ITU）。经联合国同意，1947 年 10 月，ITU 成为联合国的一个专门机构，其总部由瑞士伯尔尼迁至日内瓦。

ITU 是联合国的 15 个专门机构之一，但在法律上不是联合国附属机构。它的决议和活动不需要联合国批准，但每年要向联合国提交工作报告。

ITU 的组织结构主要分为无线电通信部门（ITU-R）、电信标准化部门（ITU-T）和电信发展部门（ITU-D）。ITU 每年召开 1 次理事会，每 4 年召开 1 次全权代表大会、世界电信标准大会和世界电信发展大会，每 2 年召开 1 次世界无线电通信大会。ITU 的简要组织结构如图 1-3 所示。

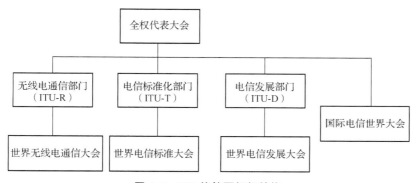

图 1-3　ITU 的简要组织结构

ITU 建立了电报、电话以及无线与卫星通信业务的国际通用规则，但 1G 和 2G 都不是由 ITU 来进行标准化的，3G 才是由 ITU 制定的标准，统称为 IMT-2000。

1.4.2　第三代合作伙伴计划

1998 年 12 月，多个国家和地区的电信标准组织签署了《第三代伙伴计划协议》，成立了 3GPP（Third Generation Partnership Project，第三代合作伙伴计划）。3GPP 是一个产业组织，也可以称之为行业协会，其成员来自世界上各大电信标准开发协会，包括电信运营商、设备商、芯片和终端制造商、研究机构等公司和组织，主要制定无线通信方面的标准。需要说明的是，3GPP 相当于一个民间组织，它制订的标准最终要向"官方"的 ITU 提交并由其批准，才会成为国际广泛认可的业界标准。

目前 3GPP 由伙伴组织、独立成员和市场伙伴组成。伙伴组织包括欧洲电信标准化协会（European Telecommunication Standards Institute，ETSI）、美国电信产业方案联盟、日本通信技术委员会、日本无线工业及商贸联合会、韩国通信技术协会、中国通信标准化协会和印度电信标准开发协会等 7 个伙伴组织，独立成员有 300 多家，市场伙伴有 TD-SCDMA 产业联盟、TD-SCDMA 论坛、CDMA 发展组织等 13 个。

3GPP 组织结构如图 1-4 所示。最上面是项目协调组（Project Coordination Group，PCG），由 7 个组织伙伴组成，对技术规范组（Technical Specification Group，TSG）进行管理和协调。PCG 下设 4 个技术规范组（TSG），分别为 TSG GERAN（GSM/EDGE 无线接入网）、TSG RAN（无线接入网）、TSG SA（业务与系统）、TSG CT（核心网与终端）。每一个 TSG 下面又分为多个工作组（Working Group，WG），如负责长期演进（Long Term Evolution，LTE）标准化的 TSG RAN 分为 RAN WG1（无线物理层）、RAN WG2（无线层 2 和层 3）、RAN WG3（无线网络架构和接口）、RAN WG4（射频性能）和 RAN WG5（终端一致性测试）5 个工作组。

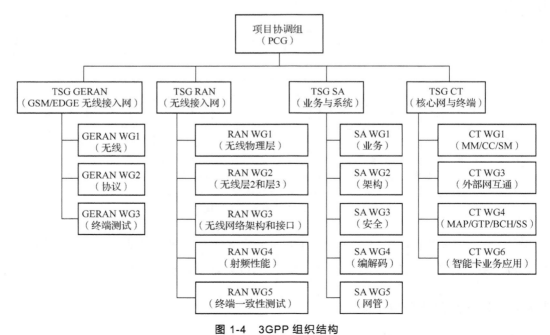

图 1-4　3GPP 组织结构

1.4.3 电气电子工程师学会

电气电子工程师学会（Institute of Electrical and Electronics Engineers，IEEE）是一个国际性的电子技术与信息科学工程师的学会，是目前全球最大的非营利性专业技术学会，其会员人数超过 40 万人，遍布 160 多个国家。IEEE 致力于电气、电子、计算机工程和与科学有关的领域的开发和研究，在航空航天、计算机、电信、生物医学、电力及消费性电子产品等领域已制定了 1300 多个行业标准，现已发展成为具有较大影响力的国际学术组织。

IEEE 一直致力于推动电工技术在理论方面的发展和应用方面的进步。作为全球最大的专业学术组织之一，IEEE 在学术研究领域发挥重要作用的同时也非常重视标准的制定工作。IEEE 专门设有 IEEE 标准协会（IEEE Standard Association，IEEE-SA），负责标准化工作。IEEE-SA 下设标准局，标准局下又设置两个委员会，即新标准制定委员会和标准审查委员会。IEEE 的标准制定内容包括电气与电子设备、试验方法、元器件、符号、定义及测试方法等多个领域。

需要了解的是，ITU 一般负责电信系统技术标准的制定，而 IEEE 则一般专注于计算机通信系统的标准制定。例如，我们熟悉的 IEEE 802.11 无线局域网标准系列，就是 IEEE 计算机专业学会下设的 802 委员会负责主持的；IEEE 802 又称为局域网/城域网标准委员会（LAN /MAN Standards Committee，LMSC），致力于研究局域网和城域网的物理层和媒体访问控制（Media Access Control，MAC）层规范。

1.4.4 中国通信标准化协会

中国通信标准化协会（China Communications Standards Association，CCSA）于 2002 年在北京正式成立。该协会是由我国企事业单位自愿联合组织的，经业务主管部门批准，在国家社团登记管理机关登记,开展通信技术领域标准化活动的非营利性法人社会团体。协会采用单位会员制，广泛吸收科研、技术开发、设计单位、产品制造企业、通信运营企业、高等院校、社团组织等。

CCSA 由会员大会、理事会、技术专家咨询委员会、技术管理委员会、若干技术工作委员会和秘书处组成。其中主要开展技术工作的技术工作委员会（Technical Committee，TC）目前有 12 个，具体如下。

- TC1：IP 与多媒体通信。
- TC2：移动互联网应用协议。
- TC3：网络与交换。
- TC4：通信电源和通信局工作环境。

- TC5：无线通信。
- TC6：传输网与接入网。
- TC7：网络管理与运营支撑。
- TC8：网络与信息安全。
- TC9：电磁环境与安全防护。
- TC10：物联网。
- TC11：移动互联网应用和终端。
- TC12：航天通信技术。

除技术工作委员会外，还根据技术发展方向和政策需要，成立特设任务组（ST），目前有 ST1（家庭网络）、ST2（通信设备节能与综合利用）、ST3（应急通信）和 ST4（电信基础设施共享共建）4 个特设任务组。

习题

1. 用自己的话表述什么是通信？什么是电信？
2. 简述通信系统的基本组成。
3. 简述单工、半双工、全双工的概念，以及它们各自有代表性的通信系统。
4. 简述模拟通信和数字通信的优缺点。
5. 某无线发射机的发射功率为 30W，求其对应的信号强度。手机在某区域的接收电平为-75dBm，求其实际接收到的信号功率。
6. 某广播电台采用频率为 103.1MHz 的信号，求其波长。
7. 简述 ITU 的组织结构和作用。
8. 简述 3GPP 的组织结构和作用。

第 2 章　交换技术和网络

交换技术随着电话的发明而逐渐发展起来，并随着通信技术的发展而不断进步。本章介绍从人工交换到程控交换的发展历史和技术特点，并对由此发展起来的程控电话交换网络和移动电话交换网络进行讲解，还对 21 世纪产生的软交换网络、IMS 网络进行重点介绍，最后介绍信令网络。

2.1　交换技术概述

交换技术是随着电话通信的发展和使用而出现的通信技术。电话刚开始使用时，只能实现固定的两个人之间的通话，随着用户的增加，人们开始研究如何构建连接多个用户的电话网络，以实现任意两个用户之间的通信。随着通信技术的发展，交换技术实现了从人工交换到程控交换，从模拟交换到数字交换，从电路交换到分组交换的一系列进步。到了现代，随着通信网络的演进和发展，新的交换技术，例如软交换（Softswitching）技术、光交换技术、宽带 IP 地址交换技术等不断出现，已经完全替代了传统交换技术。

通信网由用户终端设备、传输设备和交换设备组成。它由交换设备完成连接，使网络内任一用户可与其他用户通信。因此，交换网络是通信网的重要组成部分，是通信网的关键和核心，也是支撑固定电话、移动电话和互联网技术发展的电信基础设施。

在通信过程中，通常使用 3 种交换技术：电路交换、报文交换和分组交换。

1. 电路交换

电路交换的基本特点是采用面向连接的方式。在双方进行通信之前，需要为通信双方分配一条具有固定带宽的通信电路。通信双方在通信过程中将一直占用所分配的资源，直到通信结束，并且在电路的建立和释放过程中都需要利用相关的信令协议。这种方式的优点是在通信过程中可以保证为用户提供足够的带宽，并且实时性强、时延小、交换设备成本较低，但同时带来的缺点是网络的带宽利用率不高。一旦电路被建立，不管通信双方是否处于通话状态，分配的电路都一直被占用。

2. 报文交换

报文交换采用存储转发机制，交换以报文作为传送单元。由于报文长度差异很大，长报文可能导致很大的时延，并且对每个节点来说缓冲区的分配也比较困难。为了满足各种长度报文的需要并且达到高效的目的，节点需要分配不同大小的缓冲区，否则就有可能造成数据传送的失败。在实际应用中，报文交换主要用于传输报文较短、实时性要求较低的通信业务，如公用电报网等。报文交换比分组交换出现得要早一些。

3. 分组交换

分组交换是在报文交换的基础上，将报文分割成分组进行传输，在传输时延和传输效率上进行了平衡，从而得到广泛的应用。应用最广泛的分组交换就是采用 IP 技术的分组交换。

在发送数据时，数据被分割成若干个长度较短（一般不超过 128 字节）的分组，每个分组除数据信息外，还包括控制信息和地址信息，它们在交换机内作为一个整体进行交换。每个分组在交换网内的传输路径可以不同。分组交换也采用存储转发技术，并进行差错检验、重发、确认响应等操作，最后收信端把接收的全部分组按顺序重新组合成数据。

与报文交换相比，分组交换主要有 3 个优点。

（1）在报文交换中，总的传输时延是每个节点上接收与转发整个报文时延的总和；而在分组交换中，某个分组发送给一个节点后，就可以接着发送下一个分组，这样总的时延就会减小。

（2）每个节点所需要的缓存器容量减小，这有利于提高节点存储资源的利用率。

（3）传输有差错时，只需重发一个或若干个分组，不必重发整个报文，这样可以提高传输效率。

相较于电路交换，分组交换的缺点是会有较大的时延抖动，并且每个分组要附加一些额外信息开销，这会使传输效率降低。

2.2　电话交换网络

电话交换是电信交换中最基本的一种应用了电路交换技术的业务。它是指任何一个主叫用户的信息，可以通过通信网中的交换节点发送给任何一个或多个被叫用户。

如图 2-1（a）所示，如果要让两个电话之间能够互通，则需要连接一对电话线。可以推算出，如图 2-1（b）所示，要让所有电话用户之间能接通电话，如用户数为 n，要实现全部复接，电话网络需要的电话线数为 $n(n-1)/2$ 对。可以明显看出随着电话数量的增多，所需电话线数将猛增。例如，某个公司有 20 个电话需要互通，每个电话与其他电话之间都需要连接电话线，则总共需要 $20\times(20-1)/2$ 即 190 对电话线，可见这种方法从效率、成本到工程实现都存在问题，因此这种连接方式是非常不现实的。为了解决这一问题，人们引入了电话交换机的概念，将连接每个电话的所有电话线汇集在一起，通过电话交换机进行转接，即完成电路的交换，如图 2-1（c）所示。这种完成电话交换的设备称为电话交换机，实现交换所用到的技术称为交换技术。

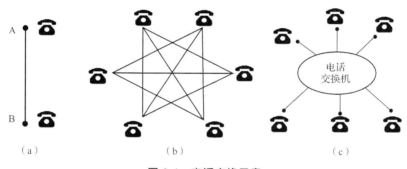

（a）　　　　　　　　　（b）　　　　　　　　　（c）

图 2-1　电话交换示意

当电话用户分布的范围较广时，就需设置多个交换机，交换机之间用中继线相连，这样就构成了交换网络。人们最早建立的电话交换网络是公用交换电话网（PSTN）。PSTN 最初是一种以模拟技术为基础的电路交换网络，它是自电话发明以来所有的电路交换式电话网络的集合。如今，除了用户和本地电话总机之间的最后连接部分，PSTN 在技术上已经发生了翻天覆地的变化，实现了完全的数字化和 IP 化。

随着移动通信技术的发展，公共陆地移动网（Public Land Mobile Network，PLMN）被建立起来。它是一个无线通信系统，用来为移动电话间的互连互通服务。该网络通常又与 PSTN 互连，形成整个地区、国家乃至世界范围内的通信网，实现了全球的固定电话和移动电话之间的互连互通。

2.2.1　电话交换技术的发展

电话交换技术的发展大体经历了人工交换、机电式自动交换和电子式自动交换 3 个阶段，交换的信号也从模拟信号变为数字信号，从电路交换变为分组交换。

1. 人工交换机

1878 年，也就是电话发明两年后，世界上最早的电话交换机出现了，这一年在美国出现了最早的商用电话和人工交换台，当时只有 20 个用户。这种交换机是由话务员人工操作的，所以称为"人工交换机"。用户要打电话，先与话务员通话，告诉话务员要找谁，然后由话务员帮用户接线。人工交换机的缺点是显而易见的：容量很小，需要占用大量人力，工作繁重，效率低下，而且容易出错。

2. 步进制自动电话交换机

1891 年，美国人史端乔（Strowger）制作了世界上第一台步进制自动电话交换机。1891 年 3 月，他获得了"步进制自动电话接线器"的发明专利。为了纪念他，用这种原理制成的交换机也被称为"史端乔交换机"。步进制自动电话交换机是由选择器和继电器组成的一种自动电话交换机，以机械动作代替话务员的人工动作。当用户拨号时，选择器随着拨号发出的脉冲电流，一步步地改变接续位置，从而将主叫用户和被叫用户间的电话线路自动接通。

1892 年 11 月，用该发明原理制成的"步进制自动电话交换机"在美国投入使用，并出现了世界上第一个自动电话局。从此，电话交换跨入了自动交换的新时代。

步进制自动电话交换机虽然实现了替代人工，但是仍然存在很多缺点。由于其接点是滑动式的，因此它可靠性差，易损坏，动作慢，结构复杂，体积大，机械噪声大。

3. 纵横制自动电话交换机

步进制自动电话交换机发明 20 多年后，电话交换机的研究才有了比较大的进步。1919 年，瑞典工程师发明了一种称为"纵横接线器"的新型选择器，并为之申请了专利。在此基础上，1926 年，世界上第一个大型纵横制自动电话交换机在瑞典投入使用。到了 1938 年，美国开通了 1 号纵横制自动电话交换系统。接着，法国、日本等国家也相继生产和使用该类系统。从此，电话交换进入纵横制自动电话交换机的时代。到 20 世纪 50 年代，纵横制交换系统已经非常成熟和完善。

不管是"纵横制"还是"步进制"，都是利用电磁机械动作接线的，所以它们同属于"机电式自动电话交换机"。

4. 电子式自动电话交换机

就在纵横制不断完善的同时，随着晶体管的发明，半导体技术和电子技术飞速发展，人们开始考虑在电话交换机中引入电子技术。由于当时电子元件的性能还无法满足要求，因此出现了电子和传统机械结合的交换机技术，采用这些技术的电话交换机被称为"半电子交换机"和"准电子交换机"。

后来，微电子技术和数字电路技术进一步发展成熟，出现了"全电子交换机"。1965年，美国贝尔实验室成功生产了世界上第一台商用存储程序控制交换机（也就是"程控交换机"），型号为 No.1 电子交换系统（Electronic Switching System，ESS）。

1970 年，法国开通了世界上第一个程控数字电话交换系统（Stored Program Control Digital Telephone Switching System）E10，标志着人类进入数字交换的新时期。随后，美国、加拿大、瑞典、英国等国相继开通使用了这种以数字化和程序控制为特征的电话交换系统。这种系统后来也被人们称为数字程控交换机，它实现了交换机的全电子化，同时也实现了由模拟空分交换向数字时分交换的重大转变。

到了 20 世纪 80 年代，数字程控交换技术日渐完善，开始走向交换技术发展的主导地位。数字交换与数字传输相结合，形成了综合数字网（Integrated Digital Network，IDN）和综合业务数字网（Integrated Services Digital Network，ISDN）。数字交换系统不仅实现了语音交换，还能完成非语音服务的交换，即要求程控数字交换机具有电话交换、分组交换及宽带交换的能力。

5. 软交换技术和 IMS 技术

随着通信网络技术的飞速发展，人们对于宽带及业务的要求也在迅速增长，为了向用户提供更加灵活、多样的现有业务和新增业务，提供给用户更加个性化的服务，下一代网络（Next Generation Network，NGN）的概念被提出。2000 年，各大电信运营商开始着手进行 NGN 的实验和部署，不管是固定通信网络还是移动通信网络，其中的数字程控交换机逐步被软交换设备替代。软交换技术的最大特点就是控制与承载设备的分离和用分组交换代替电路交换。

当前，随着通信业务的多样化和网络技术的全 IP 化，IMS（IP Multimedia Subsystem，IP 多媒体子系统）技术已经成为交换技术的主流，它能够满足固定电话业务、移动电话业务、网络多媒体业务等各种业务需求，软交换网络将逐步被 IMS 网络所代替。

2.2.2 程控电话交换机

程控电话交换机的核心是程序控制，也就是计算机按预先编制的程序控制接续的自动电话交换机，其全称为存储程序控制电话交换系统（Stored Program Control Telephone Switching System）。

1. 程控电话交换机组成

程控电话交换机由硬件和软件组成。

（1）程控电话交换机的硬件包括话路部分、控制部分和输入/输出部分。

① 话路部分用于收发电话信号、监视电路状态和完成电路连接，主要包括用户电路、中继电路、交换网络、服务电路（包含收号器、发号器、振铃器、回铃音器、连接器等）、扫描器和驱动器等部件。

② 控制部分用于运行各种程序、处理数据和发出驱动命令，主要包括处理机和主存储器等部件。

③ 输入/输出部分用于提供维护和管理所需的人机通信接口，主要包括外存储器、键盘、显示器、打印机等部件。

（2）程控电话交换机的软件包括程序部分和数据部分。

① 程序部分包括操作系统程序和应用程序。前者用于任务调度、输入/输出控制、故障检测和恢复处理、故障诊断、命令执行控制等；后者用于实施各种电话交换事件与状态处理、硬件资源管理、用户服务类别管理、话务量统计、服务观察、软件维护和自动测试等。

② 数据部分包括系统数据、交换框架数据、局数据、路由数据和用户数据等，主要用于表征交换系统特点、本交换机及周围环境特点、各用户的服务类别等。

2. 程控电话交换机交换方式

传统的程控电话交换机都是电路交换系统，电路交换系统有空分交换和时分交换两种方式。

（1）空分交换

空分交换是指在交换过程中的入线通过在空间的位置来选择出线，并建立接续，通信结束后，随即拆除。例如，人工交换机上塞绳的一端连着入线塞孔，由话务员按主叫要求把塞绳的另一端连接被叫的出线塞孔，这就是形象化的空分交换方式。机电式的自动交换机由电磁机械或继电器推动金属接点完成空间连接。因此步进制、纵横制、半电子、程控模拟用户交换机，以至宽带交换机都可以利用空分交换原理实现交换的要求。

单级空分交换可归纳为 n 条入线通过 $n \times m$ 接点矩阵选择到 m 条出线或某一指定出线，如图 2-2 所示。图 2-2 所示的接点矩阵单元可称为交换器。机电式交换机可以由旋转型选择器、纵横接线器或笛簧接线器等构成，程控式交换机则由电子开关矩阵构成。

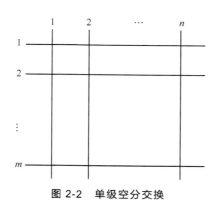

图 2-2　单级空分交换

　　扩大交换接点矩阵容量时，一般用多级链路系统。图 2-3 表示的是空分交换二级链路系统。第一级交换器为 $n×m$，第二级交换器为 $k×1$（其中 $k=m$），级间的连线称为链路。第一级第一交换器的链路连接第二级每一交换器的第一入线。因此，第一级每一交换器的链路数即为第二级交换器的个数。第一级每一入线选择 m 条链路中的一条，可选择到第二级的某一交换器，通过该交换器的交叉点可选择到一条出线。因此，每一入线通过 m 条链路可选择到全部出线，称为全利用度链路系统。二级链路系统可扩展为三级链路系统，如果第二级每一交换器的每一出线连接到第三级每一交换器的一条入线，即形成三级链路系统。同理，可构成多级链路系统。入线不能选择到所有出线的系统称为部分利用度链路系统。单级和多级链路系统也可以利用部分利用度链路系统来扩大容量。

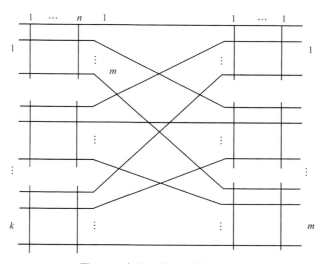

图 2-3　空分交换二级链路系统

（2）时分交换

　　时分交换是把时间划分为若干互不重叠的时隙，由不同的时隙建立不同的子信道，通过时隙交换网络完成语音的时隙搬移，从而实现入线和出线间语音交换的一种交换方式。

时分交换的关键在于时隙位置的交换，而此交换是由主叫拨号所控制的。为了实现时隙交换，必须设置语音存储器。在抽样周期内有 n 个时隙分别存入 n 个存储器单元中，输入按时隙顺序存入。若输出端是按特定的次序读出的，就可以改变时隙的次序，实现时隙交换。

时分交换的相关概念如下。

① 脉冲抽样。根据抽样定律，无论连续信号还是非连续信号，均可进行周期性的抽样，用抽样脉冲传送原有信息。抽样脉冲的频率为信号最高传输频率的两倍以上。例如，对于语言信号，其最高频率通常不超过 3.3kHz，抽样频率为 8kHz（抽样周期为 125μs）已足够，抽样脉冲信号可以很好地还原出原信号。进行时分交换的信号首先要抽样。

② 脉幅调制和脉码调制。抽样脉冲幅度随着信号幅度的变化而变化被称为脉幅调制（Pulse Amplitude Modulation，PAM）。脉幅调制的信号（脉幅信号）经低通滤波器即可恢复原信号。采用脉幅调制信号的时分交换称为脉幅时分交换。如果将脉幅信号经过编码器变为二进制码（脉码信号），则此种调制方式称为脉码调制。例如 7 位二进制码可以代表 128（2^7）个等级幅度，足以代表幅度的变化。脉码信号在接收端经过译码器将二进制码恢复为脉幅信号，最后经低通滤波器恢复为模拟信号，采用脉码调制的时分交换机称为脉码时分交换机或数字时分交换机。其他方式的脉冲调制（例如脉宽调制）在时分交换机中很少采用。

③ 时分复用。语音的周期为 125μs，可传递多路信号，每路占据一时隙。例如 32 路信号（30 路话路和 2 路用于同步和复帧的信号），抽样周期内传送 256 位。时分交换中广泛采用同步信号，同步信号使时钟保持正确同步，时钟用来激励各电路以抽取必要的信号。

④ 时隙交换。由于电子电路的单向性，时分交换不像空分交换那样可以采用二线交换，其必须采用四线交换。图 2-4 表示用户 A 的信号交换到用户 B，用户信号已经时分复用。每一用户在固定时隙上发送，也在该时隙上接收。图 2-4 中用户 A 的信号位于时隙 1，发送后进入时隙交换电路，在用户 B 的接收端，用户 A 的信号已移动到时隙 2，用户 B 在时隙 2 位置接收。同理，用户 B 的发送信号位于时隙 2，经时隙交换后，到达用户 A 处时已移动到时隙 1 为用户 A 所接受。可见时隙交换的要点在于时隙位置的交换，交换的控制显然是由主叫拨号所决定的。图 2-5 所示为时隙交换原理。为了实现时隙交换，必须设置语音存储器。在抽样周期内有 n 个时隙分别存入 n 个存储器单元中。输入

按时隙次序顺序存入。如果输出端按特定的次序读出，即可改变时隙的次序。图 2-5 中交换控制信息收集主叫拨号信息，由软件存入控制信息存储器。该存储器记录读出时隙的次序，例如信号 B 的时隙应交换到 A，则 B 在 A 的时隙处读出。因此，由控制存储器控制语音存储器的读出次序。输出时隙已达到时隙交换的要求。以上控制加于输出端。如果加于输入端，即输入时按交换的要求存入信息，输出时顺序取出信号，也能达到交换目的。无论何种方式均须有语音存储器和控制信息存储器。

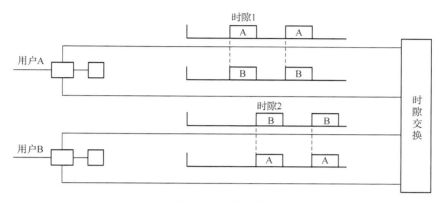

图 2-4 时隙交换

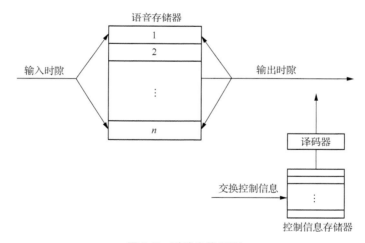

图 2-5 时隙交换原理

使用空分交换技术的交换机称为空分交换机，使用时分交换技术的交换机称为时分交换机。但是单纯的空分交换机或者时分交换机在用户数量上受到了限制，很难大幅度扩大交换容量，因此典型的数字程控交换机采用时-空-时（Time-Space-Time，TST）交换技术，还有时-空-空-空-时（Time-Space-Space-Space-Time，TSSST）交换技术，实现了时隙和空间的交换，用来扩大交换级容量。采用这一原理组成的选组级可交换约 10 万个用户的电话。因此，大型程控数字交换机一般包含两个交换级，即用户级和选组级。

用户级多采用纯时分交换，选组级采用时-空-时交换。

由于当前全面迈进"全光网时代"，并实现了"全网 IP 化"，上述传统程控交换机已经退出了历史舞台，取而代之的是软交换设备及 IMS 设备，现有用户也全部迁移割接到光纤宽带网络。

2.2.3　程控电话交换网络

程控电话交换机的实质，就是电子计算机控制的电话交换机。它以预先编好的程序来控制交换机的接续动作，优点非常明显。它接续速度快、功能多、效率高、声音清晰、质量可靠，大型的程控电话交换机单台容量（所带的户数，习惯称为"门"）可达 10 万门以上。程控电话交换机构成的电话交换网，由电信运营商建设和运营。各级运营商机房的交换机是一层一层互连起来的，构成了全国乃至全球范围内庞大的电话交换网络，这就是 PSTN。

以我国的 PSTN 为例，它分为本地电话网（市话网）和长途电话网（长途网）两种。市话网的网络结构，主要取决于市话网络端局的数量，而市话网络端局的数量则由市话用户容量决定。因此，城市的大小和城市人口的多少决定了市话网的大小和复杂度。越大的城市，人口越多，电话用户越多，网络越复杂。市话网可以分为单局制市话网、多局制市话网和汇接制市话网。

长途网作为国家网络，需要提供各个省（自治区、直辖市）之间以及省内各地区之间电话交换局之间的电话交换业务，其网络拓扑的结构和组网复杂度对于网络的管理和建设来说具有决定性的作用。

我国的 PSTN 从建立之初起，很长一段时间采取的是 5 级结构，如图 2-6（a）所示。图中 C1～C4 构成四级长途电话网，C5 和 Tm（Tandem，汇接局）构成本地电话网。

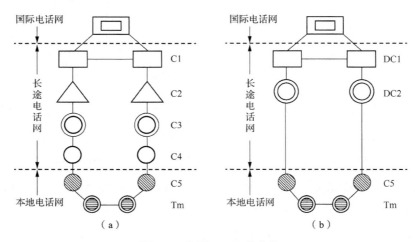

图 2-6　我国 PSTN 的分级

我国的 C1 级交换中心设立了六个大区交换中心（西安、北京、沈阳、南京、武汉、成都）和四个辅助中心（天津、重庆、广州、上海）。C2 为省级长途交换中心，C3 为地区、市级长途交换中心，C4 为县、区级长途交换中心。

本地电话网的本地端局直接连接用户电话机，汇接局可分为市话汇接局、郊区汇接局、农话汇接局等，用于连接各端局，完成本地端局之间的电话交换，也可用于汇接长途电话业务至长途局（此时相当于 C4）。

在全国性的电话网中，长途区号用来区分不同地区的电话号码，也就是用来作为电话转接的路由指示。大区交换中心的长途电话区号只用 2 位表示，如北京为 10、广州 20、上海为 21、天津为 22、重庆为 23、沈阳为 24、南京为 25、武汉为 27、成都为 28、西安为 29。地区、市级长途交换中心的长途区号通常由 3 位构成，更小的地区的长途区号由 4 位数字构成。这种不等位的长途区号分配方案是保证总的区号长度加本地电话号码的和为 11 位，大城市的长途区号位数少，则可为本地市话提供更多的电话号码资源；小城市人口相对较少，本地号码位数较少，故长途区号位数适当增加。

从 20 世纪 90 年代开始，我国的 PSTN 已经从五级结构逐步过渡到三级结构，即长途网由四级过渡为两级，分别称为 DC1 和 DC2，如图 2-6（b）所示，其中 DC1 为省级交换中心，DC2 为省内交换中心。

2.2.4 移动电话交换网络

移动电话交换网络是随着移动通信技术的发展而建立起来的，这个网络被称为 PLMN，它是为公众提供陆地移动通信业务而建立和经营的网络。该网络与固定电话网络的 PSTN/IMS 网络互连，构成整个地区、国家乃至世界规模的通信网，网络中的每一个固定电话和移动电话都可以实现互连互通。

PLMN 由无线基站和移动通信交换机组成。它与固定电话网络的最大差别在于有线与无线的区别，例如 PSTN 用户由一根用户线与网络中的交换机相连，电话终端位置固定不便移动，PLMN 用户的移动终端与基站之间通过无线信号相连，最终通过网络中的交换机实现移动过程中的通信。

与 PSTN 从人工交换到自动交换，从机电交换到数字程控交换，直到软交换和 IMS 网络技术的发展一样，PLMN 也经历了从 1G 到 4G，直到 5G 的演进发展，移动交换技术和设备，无论是无线接入网还是核心网，乃至网络结构都经历了重大的变化。

一般来说，移动电话网络由以下几个部分组成。

（1）小区：也称蜂窝小区，是指在移动通信系统中，一个基站或基站的一部分（扇形天线）所覆盖的区域，在这个区域内移动台可以通过无线信道可靠地与基站进行通信。

它是一个逻辑上的概念。

（2）无线接入网：包括基站和基站控制器。基站是移动设备接入互联网的接口设备，也是无线电台站的一种形式。基站是指在一定的无线电覆盖区中，通过移动通信交换中心，与移动电话终端之间进行信息传递的无线电收发信电台，主要包括基带单元、射频单元和天馈单元等。基站控制器是基站收发台和核心网之间的连接点，一个基站控制器通常控制若干基站，其主要功能是进行无线信道管理、实施呼叫和通信链路的建立和拆除，并为本控制区内移动台的越区切换进行控制等。需特别指出的是，基站控制器在 4G 网络中已被取消，基站本身的功能和架构都发生了极大的变化。

（3）核心网：核心网是整个移动网络的核心。它控制所有的移动业务，提供交换功能和管理功能，还可以直接或通过移动网关提供与 PSTN、ISUP（ISDN User Part，ISDN 用户部分）、公用数据网（Public Data Network，PDN）等固定网的接口功能，把移动用户与移动用户、移动用户和固网用户互连。另外，核心网还支持位置登记、越区切换、自动漫游等具有移动特征的功能及其他网络功能。核心网由多个负责不同功能和业务的网元（即通信网的设备）组成，从 2G 到 4G，尤其是发展到 5G，核心网的架构发生了巨大的变化。

（4）传输网：传输网是用于传送信息的网络，通常也称为承载网。它只作为通道，不对信息进行处理。传输网在整个通信网络中是一个基础网，用于连接核心网设备、无线接入网设备，使通信网中的不同节点，或不同通信网之间互相连接在一起，形成一个四通八达的网络。目前传输网已经全部采用 IP 化技术和光网络技术。

下面以 WCDMA 网络为例来说明移动电话交换网络的组成。WCDMA 是 3G 的三种技术制式之一，也是技术最为稳定、应用最为广泛的 3G 技术之一。WCDMA 分为终端、（无线）接入网、3G 核心网三部分，如图 2-7 所示。图中的外部网络用来显示和 WCDMA 网络的连接关系。

1. 终端

终端即用户终端设备（User Equipment，UE），它主要包括射频处理单元、基带处理单元、协议栈模块及应用层软件模块等。UE 通过无线接口与网络设备进行数据交互，为用户提供电路域和分组域内的各种业务功能，包括普通语音、数据通信、移动多媒体、互联网应用，如 E-mail、网页浏览、购物、社交等。

2. 接入网

接入网即陆地无线接入网（UMTS Terrestrial Radio Access Network，UTRAN），分为 Node B（基站）和无线网络控制器（Radio Network Controller，RNC）两部分。

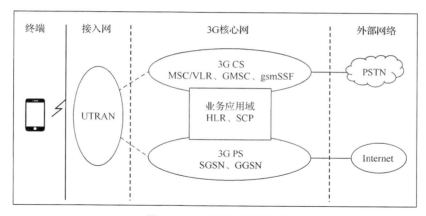

图 2-7　WCDMA 网络架构

（1）Node B：Node B 是 WCDMA 系统的基站，包括无线收发信机和基带处理部件。通过标准的接口和 RNC 互连，主要完成物理层协议的处理。它的主要功能是扩频、调制、信道编码及解扩、解调信道和解码，以及基带信号和射频信号的相互转换等。

（2）RNC：控制基站并与核心网相连，主要功能是建立和断开连接、切换、宏分集合并、无线资源管理控制等。

3．3G 核心网

3G 核心网（Core Network，CN），负责与其他外部网络的连接和对 UE 的通信和管理。其主要功能实体如下。

（1）MSC/VLR

移动交换中心/访问位置寄存器（Mobile Switching Center/Visitor Location Register，MSC/VLR）是 WCDMA 核心网电路交换（Circuit Switching，CS）域功能节点，MSC/VLR 主要提供 CS 域的呼叫控制、移动性管理、鉴权和加密等功能。

（2）GMSC

网关移动交换中心（Gateway Mobile Switching Center，GMSC）是 WCDMA 移动网 CS 域与外部网络之间的网关节点，是可选功能节点。GMSC 的主要功能是充当移动网和固定网之间的移动关口局，完成 PSTN 中用户连接移动用户时呼入/呼叫的路由功能，实现路由分析、网间接续、网间结算等重要功能。

（3）SGSN

GPRS 服务支持节点（Serving GPRS Support Node，SGSN）是 WCDMA 核心网分组交换（Packet Switch，PS）域功能节点，SGSN 主要提供 PS 域的路由转发、移动性管理、会话管理、鉴权和加密等功能。

（4）GGSN

网关 GPRS 支持节点（Gateway GPRS Support Node，GGSN）是 WCDMA 核心网 PS 域功能节点。GGSN 的主要功能是同外部 IP 分组网络（如互联网）交互，也需要提供 UE 接入外部分组网络的关口功能。从外部网络的观点来看，GGSN 就好像是可寻址 WCDMA 移动网络中所有用户的路由器，需要同外部网络交换路由信息。

（5）HLR

归属位置寄存器（Home Location Register，HLR）是 WCDMA 核心网 CS 域和 PS 域共有的功能节点。HLR 主要提供用户的签约信息存放、新业务支持、增强的鉴权等功能。

2.3 软交换网络

2.3.1 软交换的概念和原理

从广义上讲，软交换是以软交换设备为控制核心的交换网络，它应用了分组交换技术。从狭义上讲，软交换特指位于控制层的软交换设备。我国对软交换的定义：软交换是网络演进以及下一代分组网络的核心设备之一，它独立于传送网络，主要提供呼叫控制、资源分配、协议处理、路由、认证、计费等功能，同时可以向用户提供现有电话交换机所能提供的所有业务，并向第三方提供可编程能力。

软交换的概念最早起源于美国。当时在企业网络环境下，用户采用基于以太网的电话，通过一套基于计算机服务器的呼叫控制软件，实现 PBX（Private Branch eXchange，用户级交换机）功能，即 IP PBX，综合成本远低于传统的 PBX。由于企业网络环境对设备的可靠性、计费和管理要求不高，设备门槛低，许多设备商都可提供此类解决方案，因此 IP PBX 应用获得了巨大成功。

受到 IP PBX 成功应用的启发，为了提高网络综合运营效益，网络的发展更加趋于合理、开放、更好地服务于用户，业界提出了这样一种思想：将传统的交换设备分为呼叫控制与媒体处理两部分，二者之间采用标准协议，如 MGCP（Media Gateway Control Protocol，媒体网关控制协议），且主要使用纯软件进行处理，于是，软交换技术应运而生。

软交换是一种提供了呼叫控制功能的软件实体。它支持所有现有的电话功能及新型会话式多媒体业务，采用标准协议，如会话初始协议（Session Initiation Protocol，SIP）、H.323、MGCP、H.248。它还提供了不同厂商的设备之间的互操作能力，可以与媒体网关、信令网关、应用服务器、媒体服务器配套使用。总之，软交换的设计目标是在媒体设备和媒体网关的配合下，通过计算机软件编程的方式来实现对各种媒体流进行协议转换；并基于分组网络的架构实现 IP 网、PSTN 等的互连，以提供和电话交换机具有相同功能且便于业务增值和灵活伸缩的设备。

根据软交换网络体系的构成，软交换的功能主要有以下 5 个。

1．呼叫控制和处理功能

呼叫控制和处理功能是软交换基本的功能。它可以为基本业务、多媒体业务呼叫的建立、维持和释放提供控制，包括呼叫请求的处理、连接控制、智能呼叫功能和资源控制等，可以说是整个网络的基石。

2．业务提供功能

在网络从电路交换向分组交换的演变过程中，软交换网络必须能够提供 PSTN/ISDN 交换机所提供的全部业务，还应该与现有的智能网或第三方配合，提供多种增值业务和智能业务等。

3．协议功能

软交换网络体系是一个开放的、多协议的实体。它应能够使用各种现有标准协议与各种媒体网关、应用服务器、终端和网络进行通信，最大限度地保护用户投资并充分发挥现有通信网络的作用。

4．互连互通功能

软交换网络并不是一个孤立的网络，尤其是在现有网络向软交换网络的演进过程中，不可避免地要实现与现有网络协同工作、互连互通、平滑演进。例如，通过信令网关实现分组数据网络与现有 7 号信令网的互通；通过信令网关与现有智能网互通，为用户提供多种智能业务；采用 SIP 实现与未来 SIP 网络体系的互通；采用 SIP 或与承载无关的传输控制（Bearer Independent Call Control，BICC）协议与其他软交换网络互连。

5．操作维护与计费功能

软交换网络主要包括业务统计、业务量测量与记录警告和安全管理功能。同时，软交换设备应具有采集详细话单及复式计次的功能，并能按要求将话单传送到相应的计费中心。

2.3.2　软交换网络结构

软交换网络是一个可以同时向用户提供语音、数据、视频业务的开放网络。它采用一种分层的网络结构，使得组网更加灵活和方便。软交换网络一共分为 4 层，从下往上依次为接入层、传送层、控制层、业务层，如图 2-8 所示。

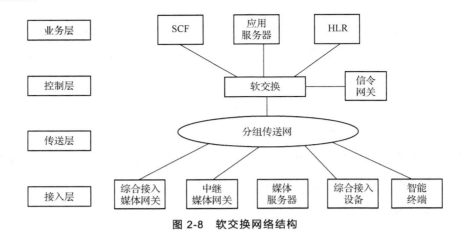

图 2-8　软交换网络结构

1. 接入层

接入层的主要作用是利用各种接入设备实现不同用户的接入，并实现不同信息格式之间的转换。接入层的设备没有呼叫控制功能，它们必须和控制层设备相配合，才能完成规定任务。

2. 传送层

在软交换网络中，所有的业务、所有的媒体流都是通过一个统一的传送网络传送的，这是传送层需要完成的。传送层应该是高带宽的有一定的服务质量（Quality of Service，QoS）保证的分组网络，这个分组网络就是 IP 网络，而异步传输模式（Asynchronous Transfer Mode，ATM）网络已经基本被淘汰。

3. 控制层

控制层是软交换网络的呼叫控制核心。该层的设备被称为软交换设备、软交换机或媒体网关控制器。控制层用来控制接入层设备完成呼叫接续。软交换设备的主要功能包括呼叫控制、业务调度、业务交换、资源管理、用户认证、SIP 代理等。

4. 业务层

在传统网络中，因为受到设备的限制，业务的开发一直是比较复杂的事情。软交换网络产生的目的之一就是降低业务开发的复杂度，更加灵活、方便地向用户提供更多、更好的业务。因此，软交换网络采用了业务与控制分离的思想，将与业务相关的部分独立出来，形成了业务层。该层的作用就是利用各种设备为整个网络体系提供业务上的支持。

2.3.3　软交换网络的特点

与传统网络相比，软交换网络具备以下特点。

1. 基于分组

软交换网络基于 IP 的分组网络进行信息传送，接入方式及各种业务的特性都将被屏蔽，信息全被转换成统一的分组的形式传送和处理。软交换网络与原电话网相比，最主要的特点就是核心网从单业务转换成多业务的快速通道。

2. 开放的网络结构

软交换网络具有简洁、清晰的层次结构。各网元之间使用标准的协议和接口，使得各部件在地理上可以自由分离，网络结构逐步走向开放；各部件可以独立发展，可以根据需要自由组合各部分的功能产品来组建网络，实现异构网络的互通。

3. 业务与呼叫控制分离，与网络分离

在软交换网络中，控制层的软交换设备只负责基本的呼叫接续控制，业务逻辑基本由应用服务器提供，实现了业务与呼叫控制分离。分离的目标是使业务真正独立于网络，业务的提供更加灵活有效。

实际上，应用层的应用服务器不但可以为软交换网络提供服务，也可以为其他网络提供服务。例如它可以通过智能网应用协议（Intelligent Network Application Protocol，INAP）向 PSTN 用户提供业务；也可以通过移动网络增强逻辑的定制化应用（Customized Application for Mobile network Enhanced Logic，CAMEL）协议向移动用户提供定制化服务（如家庭短号码）。

4. 业务与接入介质分离

在软交换网络中，业务提供与用户接入属于两个独立的层面，业务可以与接入介质完全分离。用户可以自行配置和定义自己的业务特征，不必关心承载业务的网络形式及终端类型，使得业务和应用的提供有较大的灵活性。

5. 快速提供新业务

软交换网络中，采用标准接口与软交换设备相连的服务器，可提供开放的业务生成接口。第三方业务开发商可以按照自己的意愿，快速生成各种新业务。这种新业务的生成模式完全适应技术发展的趋势，能够满足用户不断变化的业务需求。

总之，软交换网络是多种逻辑功能实体的集合。它提供综合业务的呼叫控制、连接和部分业务功能，相对于传统程控交换技术，软交换网络是新一代电信网语音/数据/视频业务的核心设备。21 世纪以来，随着通信事业的快速发展，软交换网络已经被广泛应用于通信网络中，取代了传统的网络设备，使运营商的网络架构得以优化，Internet 与移动网络的优点得以结合使用，网络的运营和维护成本也得以大幅降低。

虽然软交换网络具有诸多优点，但是人们在使用过程中发现，软交换网络并未达到

预期的建设目的，还存在一系列不足。例如其在多媒体业务和网络业务上增加有限；固定网软交换与移动网软交换之间存在不同的协议标准，两者有各自的侧重点，从而使得其接口协议存在大量的差别，两者无法共用；各厂家之间的软交换设备在连接时也需要使用大量的交换设备，极大地增加了信息交换的难度。因此，随着通信技术的进一步发展，语音核心网全面向 IP 化、宽带化、多媒体化方向演进，现在的软交换网络存在使用年限长、能耗大、新业务支持能力弱等弊端，已无法适应业务和技术发展的新趋势。2010年之后，软交换网络已经逐步被更先进的 IMS 网络所替代。

2.4　IMS 网络

2.4.1　IMS 简介

IMS 是 3GPP 在 R5 版本提出的支持 IP 多媒体业务的子系统，并在 R6 与 R7 版本中得到了进一步完善。它的核心特点是采用 SIP 和与接入的无关性。IMS 是一个在 PS 域上面的多媒体控制/呼叫控制平台，支持会话类和非会话类多媒体业务，为未来的多媒体应用提供一个通用的业务使能平台，它是向全 IP 网络业务提供体系演进的重要一步。

IMS 是运营商新一代电信核心网，正如移动通信网络演进到 5G 一样，IMS 是固定电话网络的终极演进网络。它实现了宽窄带统一接入、固定无线统一接入，兼具融合、IP、多媒体三大特征，能够帮助运营商实现固定移动融合、传统语音到信息和通信技术（Information and Communication Technology，ICT）融合的转型。它的主要优点如下。

1. 基于 SIP 的会话控制

IMS 的核心功能实体是呼叫会话控制功能（Call Session Control Function，CSCF），它同时向上层的服务平台提供标准的接口，使业务独立于呼叫控制。为了实现接入的独立性及 Internet 互操作的平滑性，IMS 尽量采用与互联网工程任务组（the Internet Engineering Task Force，IETF）一致的 Internet 标准，采用基于 IETF 定义的 SIP，并进行了移动特性方面的扩展。IMS 网络的终端与网络都支持 SIP，SIP 成为 IMS 域唯一的会话初始协议。这一特点实现了端到端的 SIP 信令互通，网络中不再像软交换技术那样，需要支持多种不同的呼叫信令，例如综合业务数字网用户部分（ISDN User Part，ISUP）、电话用户部分（Telephone User Part，TUP）、BICC 等。这一特性也顺应了终端智能化的网络发展趋势，使网络的业务提供和发布具有更大的灵活性。

2. 接入无关性

IMS 是一个独立于接入技术的基于 IP 的标准体系，它与现存的语音和数据网络都可以互通，无论是固定用户还是移动用户。IMS 网络的用户与网络是通过 IP 连通的，即通过 IP 连接访问网络（IP Connectivity Access Network，IP-CAN）来连接。例如，WCDMA 的无线接入网络及分组域网络构成了移动终端接入 IMS 网络的 IP-CAN，用户可以通过 PS 域的 GGSN 接入 IMS 网络。而为了支持不同的接入技术，IMS 会产生不同的 IP-CAN 类型。IMS 的核心控制部分与 IP-CAN 是相互独立的，只要终端与 IMS 网络可以通过一定的 IP-CAN 建立 IP 连接，终端就能利用 IMS 网络来进行通信，而不管这个终端是何种类型的终端。IMS 的体系使得各种类型的终端都可以建立起对等的 IP 通信，并可以获得所需要的服务质量。

3. 针对移动通信环境的优化

因为 3GPP 最初提出 IMS 是要用于 3G 核心网中的，所以 IMS 体系针对移动通信环境进行了充分的考虑，包括基于移动身份的用户认证和授权、用户网络接口上 SIP 消息压缩的确切规则、允许无线丢失与恢复检测的安全和策略控制机制等。除此之外，很多对于运营商颇为重要的问题在体系的开发过程中得到了解决，例如计费体系、策略和服务控制等。IMS 与软交换相比的最大优势是 IMS 支持移动终端接入。目前 IMS 在移动领域中的应用已经非常成熟，标准也更加完善，满足各种移动网络接入的需求，实现了与移动网络的融合。例如，4G、5G 网络下的语音呼叫业务就是通过 IMS 网络实现的。

4. 提供丰富的组合业务

IMS 在个人业务实现方面采用比传统网络更加面向用户的方法。IMS 给用户带来的一个直接的好处，就是实现了端到端的 IP 多媒体通信。与传统的多媒体业务是人到内容或人到服务器的通信方式不同，IMS 是直接的人到人的多媒体通信方式。同时，IMS 具有在多媒体会话与呼叫过程中增加、修改和删除会话及业务的能力，并且还可以对不同的业务进行区分和计费。因此对用户而言，IMS 业务以高度个性化和可管理的方式支持个人与个人以及个人与信息内容之间的多媒体通信，包括语音、文本、图片和视频或这些媒体的组合。

2.4.2　IMS 网络结构

按照分层的结构，IMS 网络架构如图 2-9 所示。图中的"其他网络"用于显示与 IMS 的连接，不属于 IMS。

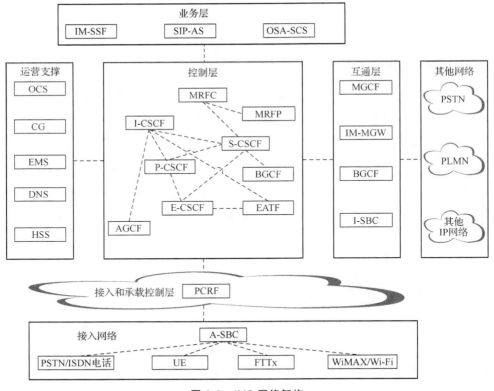

图 2-9　IMS 网络架构

IMS 的网络架构由以下 6 部分组成。

1. 业务层

业务层与控制层完全分离，业务层主要由各种不同的应用服务器组成，除了在 IMS 网络内实现各种基本业务和补充业务外，还可以将传统的窄带智能网业务接入 IMS 网络中；并为第三方业务的开发提供标准的开放的应用编程接口，从而使第三方应用提供商可以在不了解具体网络协议的情况下，开发出丰富多彩的个性化业务。

2. 运营支撑

运营支撑部分由在线计费系统（Online Charging System，OCS）、计费网关（Charging Gateway，CG）、网元管理系统（Element Management System，EMS）、域名系统（Domain Name System，DNS）及归属用户服务器（Home Subscriber Server，HSS）组成。它为 IMS 网络的正常运行提供支持，包括 IMS 用户管理、网间互通、业务触发、在线计费、离线计费、统一的网管、DNS 查询、用户签约数据存放等功能。

3. 控制层

控制层实现 IMS 多媒体呼叫会话过程中的信令控制功能，包括用户注册、鉴权、会话控制、路由选择、业务触发、承载面 QoS、媒体资源控制及网络互通等功能。

4. 互通层

互通层实现 IMS 网络与其他网络（包括 PSTN、PLMN、其他 IP 网络等）的互通功能。

5. 接入和承载控制层

接入和承载控制层主要由路由设备以及策略和计费规则功能实体组成，实现 IP 承载、接入控制、QoS 控制、流量控制、计费控制等功能。

6. 接入网络

接入网络提供 IP 接入承载，可由边界网关接入多种多样的终端，包括 PSTN/ISDN 电话、UE、光纤到 x（Fiber To The x，FTTx）及 WiMAX/Wi-Fi 等。

2.4.3　IMS 网络的功能实体

IMS 网络中涉及的主要功能实体如下。

1. HSS

HSS 在 IMS 中作为用户信息存储的数据库，主要存放用户认证信息、签约用户的特定信息、签约用户的动态信息、网络策略规则信息和设备标识寄存器信息，用于移动性管理和用户业务数据管理。它是一个逻辑实体，物理上可以由多个物理数据库组成。HSS 通常由 IMS 和 PLMN 系统共享。

2. CSCF

CSCF 是 IMS 的核心部分，主要用于基于分组交换的 SIP 控制。在 IMS 中，CSCF 负责对用户多媒体会话进行处理，可以看作 IETF 架构中的 SIP 服务器。根据各自不同的主要功能分为代理呼叫会话控制功能（Proxy CSCF，P-CSCF）、问询呼叫会话控制功能（Interrogation CSCF，I-CSCF）和服务呼叫会话控制功能（Serving CSCF，S-CSCF），这 3 个功能在物理上可以分开，也可以独立存在。

3. MRF

多媒体资源功能（Multimedia Resource Function，MRF）主要完成多方呼叫与多媒体会议功能。MRF 由多媒体资源功能控制器（Multimedia Resource Function Controller，MRFC）和多媒体资源功能处理器（Multimedia Resource Function Processor，MRFP）构成，分别完成媒体流的控制和承载功能。MRFC 解释从 S-CSCF 收到的 SIP 信令，并且使用 MGCP 指令来控制 MRFP 完成相应的媒体流编解码、转换、混合和播放功能。

4. 网关功能

网关功能主要包括出口网关控制功能（Breakout Gateway Control Function，BGCF）、

媒体网关控制功能（Media Gateway Control Function，MGCF）、IMS 媒体网关（IMS Media Gateway，IMS-MGW）、IMS 信令网关（IMS Signaling Gateway，IMS-SGW）。

2.4.4 IMS 和软交换的区别

从采用的技术基础上看，IMS 和软交换很相似。例如两者都是基于 IP 分组网的，都实现了控制与承载的分离，采用的协议大部分都是相似或者完全相同的，许多网关设备和终端设备甚至可以通用。但是 IMS 和软交换仍然存在很大的差异。两者的区别在于以下几个方面。

（1）在软交换控制与承载分离的基础上，IMS 更进一步实现了呼叫控制层和业务控制层的分离。业务逻辑分布在不同的应用服务器中，网络只提供传输能力，实现业务逻辑与网络传输的完全分离，以最大程度地支持端到端业务。

（2）IMS 起源于移动通信网络的应用，因此充分考虑了对移动性的支持，并增加了外置数据库——HSS。将用户签约数据集中存放在 HSS 中，供会话控制网元与业务处理网元下载，最大程度地支持用户与业务的移动性。在归属域中统一提供用户签约的业务，最大程度地实现用户在不同时间、不同地点享受一致的业务体验。

（3）IMS 全部采用 SIP 作为呼叫控制和业务控制的信令。而在软交换中，SIP 是可用于呼叫控制的多种协议的一种，软交换更多地使用 MGCP 和 H.248 协议。IMS 利用 SIP 简单、灵活、易扩展、媒体协商便捷等特点，来提高网络未来的适应能力。

（4）IMS 通过将会话与业务进行全分布处理，最大程度地实现类 IP 网络的可靠性、强壮性、可用性。IMS 除全面考虑了会话控制、业务提供、业务触发、移动性、计费、寻址方式等特性之外，还考虑了 QoS 穿透、PSTN 和 PLMN 互通、固定移动融合等问题。

总体来讲，IMS 和软交换的区别主要是在网络架构上。软交换网络体系具备主从控制的特点，这使其与具体的接入手段关系密切；而 IMS 体系由于终端与核心侧采用基于 IP 承载的 SIP，IP 技术与承载媒体无关的特性使得 IMS 体系可以支持各类接入方式，从而使得 IMS 的应用范围从最初始的移动网逐步扩大到固定领域。此外，由于 IMS 体系架构可以支持移动性管理并且具有一定的服务质量保障机制，因此 IMS 技术相比于软交换的优势还体现在宽带用户的漫游管理和服务质量保障方面。可以说 IMS 是 IP 网上进行多媒体通信的可运营、可管理、可增值的一种完整解决方案。

2.5 信令网络

2.5.1 信令和信令网

在通信网中，除了传递业务信息外，还有相当一部分信息在网上流动。这部分信息不是传递给用户的声音、图像或文字等与具体业务有关的信号，而是在通信设备之间传递的控制信号，如占用、释放、设备忙闲状态、被叫用户号码等，这些都属于控制信号。信令就是通信设备（包括用户终端、交换设备等）之间传递的除用户信息以外的控制信号，信令网就是传输这些控制信号的网络。

信令不同于用户信息。用户信息是直接通过通信网络由发信者传输到收信者，而信令通常需要在通信网络的不同环节（例如基站、移动台和移动控制交换中心等）之间传输，各环节进行分析、处理并通过交互作用而形成一系列的操作和控制，其作用是保证用户信息的有效且可靠的传输。因此，可将信令看作整个通信网络的控制系统，其性能在很大程度上决定了一个通信网络为用户提供服务的能力和质量。

在传统通信网中，信令可以采用共路信令，也可以采用随路信令。所谓共路信令是指将语音通道和信令通道分离，在单独的数据链路上以信令消息单元的形式集中传送若干链路的信令信息，一般多为 7 号信令（Signaling System 7，SS7）。随路信令是指信令和语音在同一条话路中传送的信令方式，从功能上可划分为线路信令和记发器信令。它们是基于语音通路上各中继电路之间的监视信令与控制电路之间的记发器信令的区别而划分的。

按信令信号的形式来分，信令也可以分为数字信令和音频信令两种。以数字信号的形式传送用户号码和控制信号的信令称为数字信令。由于数字信令具有速度快、容量大、可靠性高等一系列明显的优点，它已成为目前公用移动通信网中采用的主要形式。音频信令是指在音频通路上传送的信令，分为带内信令和带外信令，其中频率在语音范围内（300～3400Hz）的信令称为带内信令。音频信令按用途可分为用户信令和局间信令两类。用户信令作用于用户终端设备（如电话机）和电话局的交换机之间，局间信令作用于两个用中继线连接的交换机之间。

随着电话交换网络的发展，信令系统也经历了从模拟到数字，从电路交换到分组交换的发展。例如从模拟交换网络发展起来的 1 号信令、数字交换网络的 7 号信令、支持移动通信业务的移动应用部分（Mobile Application Part，MAP）信令、软交换分组网络中的 BICC 信令、4G 网络中的 Diameter 信令等。

2.5.2　1 号信令

1 号信令指的是"中国 1 号信令系统"，其性质属于多频互控信令或随路信令。它之所以叫随路信令，是因为这种信令方式是信令和语音在同一条话路中传送。国际上有北美使用的 R1 系统和欧洲使用的 R2 系统两种随路信令系统，我国使用的 1 号信令系统与 R2 信令系统类似，是国内 PSTN 最早普遍使用的信令。这种信令系统是一种双向信令系统，可通过 2 线或 4 线传输。信令消息可以按信令功能分为线路信令和记发器信令两类，也可以按传输方向分为前向信令和后向信令两类。

线路信令主要用来监视中继线的占用、释放和闭塞状态，其早期为模拟信令，后来为数字信令。模拟线路信令利用通过中继线的电流或某一单音频（有 2600Hz 或 2400Hz 两种）脉冲信号表示；数字线路信令则通过数字编码表示。

记发器信令主要完成主叫、被叫号码的发送和请求，主叫用户类别、被叫用户状态及呼叫业务类别的传送。它一般采用双音多频方式编码，采用 120Hz 的等差级频率。

前向信令指的是由主叫方设备发出，被叫方设备接收的信令；后向信令则反之。

2.5.3　7 号信令

7 号信令是一种曾经被广泛应用在 PSTN、PLMN 等现代通信网络的共路信令系统，是国际电信联盟推荐首选的标准信令系统。为了实现电信业务的互连互通，不同通信运营商之间，特别是不同国家的运营商之间，都会采用 7 号信令系统控制运营商之间业务交换的过程。许多通信运营商也在自己的通信网络里面使用 7 号信令系统实现计费、漫游或者其他电信业务。因为各个国家实现 7 号信令系统的不同，7 号信令系统有很多不同的版本。美国、日本、加拿大等国家采用的版本是美国国家标准协会实现的版本，欧洲国家普遍采用的版本是欧洲电信标准协会实现的版本，还有一些国家和地区采用的版本是国际电信联盟实现的版本。为了让使用不同版本的系统之间能够传递信令，不同版本的 7 号信令系统之间会采用网关将其他版本的信令转换成国际电信联盟实现的版本进行传输。

7 号信令通过专用的公共信道传送，因此也被称作共路信令，即以时分方式在一条高速数据链路上传送一群话路信令的信令方式，通常用于局间信令。在我国使用的 7 号信令系统称为中国 7 号信令系统。它叠加在运营商的交换网上，是支撑网的重要组成部分。在 PSTN 内的交换局间，7 号信令系统完成本地、长途和国际的自动、半自动电话接续；在 PLMN 内的交换局间，7 号信令系统提供本地、长途和国际电话呼叫业务，以及相关的移动业务，如短信业务等；7 号信令系统也为固定网和移动网提供智能网业务和其他增值业务，以及提供对运行管理和维护信息的传递和采集。

7 号信令网由 3 部分组成：信令点（Signaling Point，SP）、信令转接点（Signaling Transfer Point，STP）、信令链路（Signaling Link，SL），如图 2-10 所示。

1.　信令点和信令转接点

信令点：信令网上产生和接收信令消息的节点，可作为信令消息的起源点和目的点。

信令转接点：若某信令点既非信令源点又非目的点，其作用仅是将从一条信令链路上接收的消息转发至另一条信令链路，则称该信令点为信令转接点。信令转接点分为高级信令转接点和低级信令转接点。前者用于省际信令的互通，后者用于省内信令的互通。

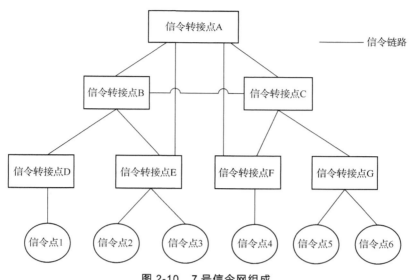

图 2-10　7 号信令网组成

2．信令链路和信令链路集

信令链路：连接各个信令点、信令转接点，传送信令消息的物理链路称为信令链路。

信令链路集：具有相同属性的信令链路组成的一组链路集，即指本地信令点与一个相邻的信令点之间的链路的集合。

3．信令编码

信令编码是指信令网中用于标识每一个节点的唯一编码。为便于信令网管理，国际信令网和我国信令网采用各自独立的编码计划。国际信令网编码采用 14bit 信令点编码，我国信令网采用 24bit 信令点编码。

（1）国际信令网编码：国际信令网编码采用 14bit 信令点编码，如图 2-11 所示。

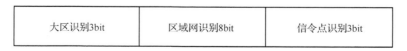

大区识别3bit	区域网识别8bit	信令点识别3bit

图 2-11　国际信令网编码

- 大区识别：用于识别世界编码大区。我国的大区识别为 4。
- 区域网识别：用于识别每个世界编码大区内的区域网。我国的区域网识别为 120。
- 信令点标识：用于识别区域网中的信令点。

（2）我国信令网编码：我国信令网编码采用 24bit 信令点编码，如图 2-12 所示。

主信令区识别8bit	分信令区识别8bit	信令点标识8bit

图 2-12　我国信令网编码

我国 7 号信令网信令区的划分与我国信令网的 3 级结构相对应，分为主信令区、分信令区、信令点 3 级，高级信令转接点设在主信令区，低级信令转接点设在分信令区。信令网划分为 33 个主信令区，每个主信令区又划分为若干个分信令区。主信令区按中央直辖省、区、市设置。一个主信令区内一般只设置一对高级信令转接点。分信令区的划分原则上以一个地区或一个地级市来进行。一个分信令区通常设置一对低级信令转接点，一般设在地区或地级市电信局所在城市。

4. 直连和准直连

信令传送方式，即信令消息经由怎样的路线由起源点发送至目的地。在 7 号信令系统中常用两种传送方式。

（1）直连方式：两个信令点之间通过直达信令链路传递消息。此时，话路和信令链路是平行的。

（2）准直连方式：两个信令点之间通过预先设定的多个串接的信令链路传递消息。

7 号信令网以准直连方式为主，直连方式为辅。

5. 7 号信令协议栈

7 号信令协议栈结构如图 2-13 所示。

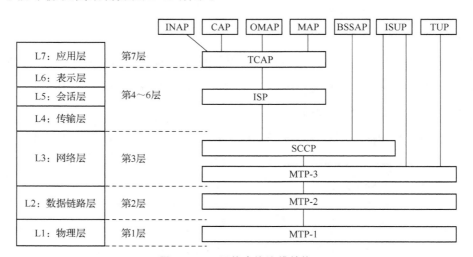

图 2-13　7 号信令协议栈结构

（1）MTP 功能级

消息传送部分（Message Transfer Part，MTP）的主要任务是保证信令消息的可靠传送,它可分为 3 级:信令数据链路(MTP-1)、信令链路功能(MTP-2)、信令网功能(MTP-3)。

（2）TUP、ISUP 功能级

TUP：支持电话业务，控制电话网的接续和运行，如呼叫的建立、监视、释放等。

ISUP：在 ISDN 环境中提供语音和非语音业务所需的功能，以支持 ISDN 基本业务及补充业务。ISUP 具有 TUP 的所有功能，因此可以代替 TUP。

（3）SCCP 功能级

信令连接控制部分（Signaling Connection Control Part，SCCP）在 7 号信令系统的分层结构中，属于 MTP 的用户部分之一。它的设计宗旨是与 MTP-3 结合，提供增强的网络功能。它是 TUP/ISUP 用户部分的一个补充功能级，也为 MTP 提供了附加功能。

随着电信网络的发展，越来越多的网络业务需要在节点之间传送端到端的控制信息，这些控制信息往往与呼叫连接电路无关，甚至与呼叫无关，例如在 GSM 系统中，不单单要传送与呼叫电路有关的信息，还要传送与呼叫无关的信息。如位置更新、鉴权等信令信息，这些信息在 MSC、VLR、VLR 等网元间传递。在传送这些端到端的信息时，MTP 的寻址能力已不能满足要求，必须使用 SCCP 信令功能。

（4）TCAP 功能级

事物处理应用部分（Transaction Capabilities Applications Part，TCAP）是 7 号信令系统为各种通信网络业务提供的接口，如移动业务、智能业务等。TCAP 为这些网络业务的应用提供信息请求、响应等对话能力。TCAP 是一种公共的规范，与具体应用无关。具体应用部分通过 TCAP 提供的接口实现消息传递，如 MAP 通过 TCAP 完成漫游用户的定位等业务。TCAP 提供了一个标准的消息封装机制。MAP、CAP 等不同的应用对应 TCAP 消息中不同的成分。

（5）MAP 功能级

MAP 是 PLMN 在网内以及与其他网间进行互连而设计的移动网特有的信令协议规范。MAP 使 GSM 网络实体可以实现移动用户的位置更新、鉴权、加密、切换等功能，使移动用户可以正确地接入网络、发起和接收呼叫。

（6）INAP、CAP 功能级

INAP 应用于有线智能网，规定了有线智能网 SCF 与 SSF 互连的接口规程。

CAP 是 CAMEL（移动网络增强逻辑的定制化应用）的应用部分，它基于智能网的 INAP，应用于移动智能网，CAP 规定了无线智能网功能实体 GSM 业务交换功能（GSM Service Switch Function，gsmSSF）、GSM 专用资源功能（GSM Special Resource Function，gsmSRF）与 GSM 业务控制功能（GSM Service Control Function，gsmSCF）互连的接口规程。

43

2.5.4 BICC 协议

BICC 是移动软交换引入的新协议，它全面支持 ISUP 提供的既有消息，其基本的特点就是将呼叫控制和承载控制分离，使得呼叫业务功能（Call Service Function，CSF）和承载控制功能（Bear Control Function，BCF）相独立。例如在移动软交换网络中，使 MSC 服务器可以独立于不同的 MGW，做到控制和承载分离。

BICC 由 ISUP 演变而来，是传统电信网络向综合多业务网络演进的重要支撑工具。它解决了呼叫控制和承载控制分离的问题，使呼叫控制信令可以在各种网络上承载，包括 MTP SS7 网络、ATM 网络、IP 网络。

BICC 在 ISUP 基础上增加了完善的应用传输机制（Application Transport Mechanism，APM），用来传送特定的 BICC 控制信息，删除了电路控制机制，不存在实际的物理电路的概念。利用 BICC 就可以使包括 ATM、IP 网络在内的各种数据网络，承载全方位的 PSTN/ISDN 业务，所以 BICC 被认为是传统电信网向多业务综合平台演进的重要支撑工具。BICC 不直接对媒体资源（ATM、IP）控制，而是通过标准的承载控制 H.248 协议对这些资源进行控制。它的 APM 机制用于在对等节点之间传递承载相关的信息。移动软交换 BICC 在 MSC 服务器间的网络控制器接口间传递，用于控制呼叫和承载的建立，如图 2-14 所示。

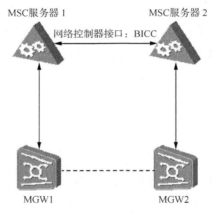

图 2-14　BICC 示意

常用 BICC 消息如表 2-1 所示。

表 2-1　　　　　　　　　　　　　　常用 BICC 消息

消息	作用
IAM（初始地址消息）	前向发送的消息，以便开始占用出局电路识别码的同时发送号码及其他与选路和处理呼叫有关的信息
APM（应用传送机制消息）	双向发送的消息，使用应用传送机制传送应用信息

续表

消息	作用
ACM（地址全消息）	后向发送的消息，表明已收到为该呼叫选路到被叫用户所需的所有地址信号
ANM（应答消息）	后向发送的消息，表明已收到为该呼叫选路到被叫用户所需的所有地址信号，呼叫已应答

2.5.5　SIP 信令

1. SIP 的概念

SIP 是由 IETF 制定的多媒体通信协议。它是一个基于文本的应用层控制协议，用于创建、修改和释放一个或多个参与者的会话，广泛应用于 NGN 及 IMS 网络中，可以支持并应用于语音、视频、数据等多媒体业务。可以说，有 IP 网络的地方就有 SIP。

SIP 是不能单独完成多媒体呼叫的，它必须与其他协议一起才能组建完整的多媒体通信系统。它与 RTP/RTCP、SDP 等协议配合共同完成多媒体会话过程，包括语音、视频和数据等，这样就可保证 SIP 的灵活性和易扩展性。

SIP 是 IETF 多媒体数据和控制体系结构的一部分，与其他协议相互合作，例如资源预留协议（Resource Reservation Protocol，RSVP）用于预约网络资源，实时传输协议（Real-time Transmit Protocol，RTP）用于传输实时数据并提供服务质量反馈，实时流传输协议（Real-Time Stream Protocol，RTSP）用于控制实时媒体流的传输，会话描述协议（Session Description Protocol，SDP）用于描述多媒体会话。

2. SIP 组成

SIP 的组成如下。

（1）UA（User Agent）：用户代理。

（2）UAC（User Agent Clients）：发起呼叫的功能实体。

（3）UAS（User Agent Server）：接收呼叫的功能实体。

（4）Proxy Server：代理服务器，同时作为 UAC 和 UAS 的中间实体。其目的是代表其他客户端生成请求，请求被内部处理或可能在翻译之后将其传递到其他服务器。

（5）Redirect Server：重定向服务器。它接受 SIP 请求，将被呼叫方的 SIP 地址映射成零个或更多的新地址并且将它们返回客户端。

（6）Registrar Server：登记服务器。UA 可以向其注册自己的位置信息，登记服务器将位置信息保存在数据库中以回复其他 Server 发来的位置请求。

3. SIP 消息

SIP 消息采用文本方式编码，分为请求消息和响应消息。请求消息和响应消息都包括 SIP 头字段和 SIP 消息字段，在 SIP 消息中加入 SDP 消息正文部分来描述具体的通信内容。

请求消息是客户端为了激活按特定操作而发给服务器的 SIP 消息，常见的几种请求消息如表 2-2 所示。

表 2-2 请求消息

请求消息	消息含义
INVITE	发起会话请求，邀请用户加入一个会话，会话描述包含于消息体中
ACK	证实已收到对于 INVITE 请求的最终响应。该消息仅和 INVITE 消息配套使用
BYE	结束会话
CANCEL	取消尚未完成的请求，对于已完成的请求（已收到最终响应的请求）则没有影响
REGISTER	用于 UA 在 UAS 上的注册，完成地址绑定
OPTIONS	查询端对端能力或状态

响应消息用于对请求消息进行响应，指示呼叫的成功或失败状态。不同类的响应消息由状态码来区分，常见的几种响应消息如表 2-3 所示。

表 2-3 响应消息

序号	状态码	消息功能
1xx	临时响应	表示已经接收到请求消息，正在进行处理
2xx	成功响应	表示请求已经被成功接受、处理
3xx	重定向响应	指引呼叫者重新定向另外一个地址
4xx	客户出错	表示请求消息中包含语法错误或者 SIP 服务器不能完成对该请求消息的处理
5xx	服务器出错	表示服务器故障不能完成对消息的处理
6xx	全局故障	表示请求不能在任何 SIP 服务器上实现

2.5.6 Diameter 信令

Diameter 协议是由 IETF 标准化组织制定的下一代认证、授权、计费（Authentication、Authorization、Accounting，AAA）协议，目前在 4G 核心网和 IMS 网络中得到广泛运用。例如在移动性管理实体（Mobility Management Entity，MME）与 HSS 之间传递鉴权数据，在 SGW/PGW（PDN Gateway，PDN 网关）与策略和计费规则功能（Policy and Charging Rule Function，PCRF）之间传递策略和计费信息，均通过 Diameter 协议实现。

Diameter 这个词的来源是远程认证拨号用户服务（Remote Authentication Dial In User Service，RADIUS）协议。该协议被开发出来用作对拨号用户进行认证和计费。在英文中，Radius 恰好是"半径"的意思，而作为一种 Radius 协议的改进或者替代协议，这个新协议被命名为 Diameter（直径）协议。

在规模组网时，需通过直径路由代理（Diameter Routing Agent，DRA）设备来进行转发，组成 Diameter 信令网。Diameter 信令网类似 7 号信令网，也是一个全国性的网络。DRA 设备类似 7 号信令网中的 STP，负责 Diameter 信令转发，即负责 Diameter 信令的目的地址翻译或转接，实现信令路由。

习题

1. 简述电路交换、报文交换、分组交换的概念。
2. 为什么需要电话交换网络？简述其发展历程。
3. 简述 PLMN 的基本网络架构。
4. 简述软交换的概念。
5. 什么是 IMS？简述其特点。
6. 简述 IMS 的功能实体。
7. 什么是信令？常用的信令系统有哪些？
8. 简述 SIP 信令的呼叫过程。

03 第 3 章　计算机通信网络

　　计算机通信技术是计算机技术与通信技术相结合的产物,计算机通信网络自 20 世纪 60 年代到 90 年代发展成为全球网络——互联网,网络技术和应用得到了迅猛发展。本章介绍计算机通信网络和主要技术,首先介绍数据通信与计算机网络的概念和发展史,计算机网络的各种形态;接着对计算机通信中的重要概念和各层的相关技术、网络中的交换和路由技术进行简单介绍;最后介绍无线局域网技术。

3.1　计算机网络概述

3.1.1　数据通信与计算机网络

　　数据通信是计算机技术和通信技术相结合而产生的一种新的通信方式,是计算机网络主要的功能之一。数据通信是依照一定的通信协议,利用数据传输技术在两个终端之间传递数据信息的一种通信方式和通信业务。它可实现计算机和计算机、计算机和终端以及终端与终端之间的数据信息传递,是继电报、电话业务之后的第三种最大的通信业务。

　　从 20 世纪 50 年代初开始,随着计算机的远程信息处理应用的发展,数据通信逐渐发展起来。早期的远程信息处理系统大多是以一台或几台计算机为中心,依靠数据通信手段连接大量的远程终端,构成一个面向终端的集中式处理系统。60 年代末,以美国的 ARPA 计算机网的诞生为起点,出现了以资源共享为目的的异机种计算机通信网,从而开辟了计算机技术的一个新领域——网络化与分布处理技术。进入 70 年代后,计算机网与分布处理技术获得了迅速发展,从而也推动了数据通信的发展。1976 年，国际电报电话咨询委员会（International Telegraph and Telephone Consultative Committee，CCITT）正式公布了分组交换数据网的重要标准——X.25 建议，其后又经多次的完善与修改，X.25 标准为公用与专用数据网的技术发展奠定了基础。70 年代末，国际标准化组织（International Organization for Standardization，ISO）为了推动异机种系统的互连，提出了开放系统互连（Open System Interconnect，OSI）参考模型，并于 1984 年正式通过。OSI 成为一项国际标准，极大地推动了计算机网络技术的发展。

3.1.2　计算机网络基本概念

1. 计算机网络的概念和功能

比较通用的计算机网络的定义是：利用通信线路将地理上分散的、具有独立功能的计算机系统和通信设备按不同的形式连接起来，以功能完善的网络软件及协议实现资源共享和信息传递的系统。从整体上来说，计算机网络就是把分布在不同地理区域的计算机与专门的外部设备用通信线路互连成一个规模大、功能强的系统，从而使众多的计算机之间可以方便地互相传递信息，共享硬件、软件、数据信息等资源。简单来说，计算机网络就是由通信线路连接的许多自主工作的计算机构成的集合体。

计算机网络是信息传输、接收、共享的虚拟平台，可以把信息和资源联系到一起，从而实现这些资源的共享。计算机网络是人类发展史上最重要的发明之一，具体功能如下。

（1）资源共享

资源共享是指入网用户均能使用网络中各个计算机系统的全部或部分软件、硬件和数据资源，这是计算机网络最本质的功能。

（2）性能提高

网络中的每台计算机都可通过网络相互成为后备机。一旦某台计算机出现故障，它的任务就可由其他的计算机代为完成。这样可以避免在单机情况下一台计算机发生故障引起整个系统瘫痪的现象，从而提高系统的可靠性。而当网络中的某台计算机负担过重时，网络又可以将新的任务交给较空闲的计算机来完成，实现均衡负载，从而提高每台计算机的可用性。

（3）分布处理

通过算法将大型的综合性问题交给不同的计算机同时进行处理。用户可以根据需要合理选择网络资源，就近快速地进行处理。

2. 计算机网络的性能指标

计算机网络的性能常使用如下的性能指标来衡量。

（1）速率（网速）：主机传送数据的速率，其单位为比特每秒（bit/s），其中比特是数据量的单位，一个比特是一个二进制数字"0"或者"1"。

（2）带宽：本意是指某个信号具有的频带宽度，但在计算机网络中，带宽是指网络传送数据的能力，即单位时间内从网络中的某一个点到另外一个点所能通过的"最高数据率"，也就是网络所能达到的最高速率。带宽的单位与速率的单位相同。一条通信链路的带宽越宽，最高数据率也越高。

（3）吞吐量：单位时间内通过某个网络（通信链路、接口）的数据量。吞吐量受制于带宽或者网络的速率，其单位也是 bit/s。

（4）时延：数据从网络的一端发送数据帧（Data Frame）到另一端所需要的时间。数据帧就是数据链路层的协议数据单元，包括 3 部分：帧头、数据部分、帧尾。其中，帧头和帧尾包含一些必要的控制信息，例如同步信息、地址信息、差错控制信息等；数据部分则包含网络层传下来的数据，例如 IP 数据包。

（5）利用率：分为信道利用率和网络利用率。信道利用率是指某信道有多大比例的时间是被占用的（即有数据通过）。由于数据占用信道的时间不易计算，通常用带宽利用率来计算信道利用率，即实际吞吐量和信道带宽的比值，二者的实际结果一致。网络利用率是指全网络的信道利用率的加权平均值。信道利用率或者网络利用率过高会产生非常大的时延。

3.1.3　计算机网络的组成

计算机网络也像其他通信网络一样，由硬件系统和软件系统组成，按功能可分为计算机、网络操作系统、传输介质及相应的应用软件四部分。

1. 硬件系统

计算机网络的硬件系统由网络的主体设备、网络的连接设备和网络的传输介质三部分组成。

计算机网络中的主体设备称为主机（Host），一般可分为中心站（又称为服务器）和工作站（客户机）两类。服务器是为网络提供共享资源的基本设备，是网络控制的核心，在其上运行网络操作系统。其工作速率、磁盘及内存容量的指标要求都较高，携带的外部设备多且大多为高级设备。客户机是网络用户入网操作的节点，有自己的操作系统。用户既可以通过运行客户机上的网络软件共享网络上的公共资源，也可以不进入网络，单独工作。

　　网络的连接设备是指在计算机网络中起连接和转换作用的一些设备或部件，如调制解调器、网络适配器、集线器、中继器、交换机、路由器和网关等。

　　网络的传输介质是网络中连接收发双方的物理通道，也是通信中实际传送信息的载体。传输介质是指计算机网络中用来连接主体设备和网络连接设备的物理介质，可分为有线传输介质和无线传输介质两大类。其中，有线传输介质包括同轴电缆、双绞线和光纤等；无线传输介质包括无线电波、微波、红外线和激光等。

2. 软件系统

　　计算机网络的软件系统主要包括网络通信协议、网络操作系统和各类网络应用软件。

　　网络通信协议是指实现网络数据交换的规则。在通信时，双方必须遵守相同的网络通信协议。如 TCP（Transmission Control Protocol，传输控制协议）/IP、UDP（User Datagram Protocol，用户数据报协议）等都是目前流行的互联网通信协议。

　　网络操作系统是多任务、多用户的操作系统，可安装在网络服务器上，提供网络操作的基本环境。网络操作系统的功能包括处理器管理、文件管理、存储器管理、设备管理、用户界面管理、网络用户管理、网络资源管理、网络运行状况统计、网络安全性的建立、网络通信等。如 NetWare、Windows NT Server、UNIX 等都是常见的操作系统。

　　网络应用软件是用来为网络用户提供服务、对网络资源进行监控管理和维护的软件，它为网络用户提供服务并为网络用户解决实际问题，如办公软件、浏览器软件、网管软件等。

3.1.4　计算机网络的分类

　　计算机网络的分类方法有很多，下面介绍几种常用的分类方法。

1. 按照地理覆盖范围划分

　　按照地理覆盖范围不同，可以把计算机网络分为局域网、城域网、广域网 3 种。需要说明的是，这里的划分并不是严格意义上的地理覆盖范围的区分，只能是一个定性的概念。下面简要介绍这 3 种类型的计算机网络。

　　（1）局域网

　　所谓局域网（Local Area Network，LAN），就是在局部地区范围内的网络，它所覆盖的地区范围较小。局域网在计算机数量配置上没有太多的限制，少的可以只有两台，多的可达几百台。局域网是最常见、应用最广的一种网络。随着计算机网络技术的发展，局域网得到了充分的应用和普及，几乎每个单位都有自己的局域网，甚至有的家庭都有自己的小型局域网。一般来说，在企业局域网中，客户机的数量在几十台到两百台左右。局域网一般位于一个建筑物或一个单位内，不存在寻径问题，不包括网络层的应用。局域网的地域范围一般只有几千米，基本组成包括服务器、客户机、网络设备和通信介质。通常局域网中的线路和网络设备的拥有、使用和管理都是属于用户所在公司或组织的。局域网的基本特点就是距离短、时延短、数据传输速率高、传输可靠等。

（2）城域网

城域网（Metropolitan Area Network，MAN）一般来说是指在一个城市，但不在同一地理区域范围内的计算机之间的互连。这种网络的连接范围可以是10～100km，采用的是IEEE 802.6标准。城域网与局域网相比扩展的距离更长，连接的计算机数量更多，在地理区域范围上可以说是局域网的延伸。在一个大城市或都市地区，一个城域网通常连接着多个局域网，如连接政府机构的局域网、医院的局域网、电信运营商的局域网、公司企业的局域网等。

城域网分为3个层次：核心层、汇聚层和接入层。

● 核心层主要提供高带宽的业务承载和传输，完成和已有网络的互连互通，其特征为宽带传输和高速调度。

● 汇聚层的主要功能是为业务接入节点提供用户业务数据的汇聚和分发处理，同时实现业务的服务等级分类。

● 接入层利用多种接入技术，进行带宽和业务分配，实现用户的接入，接入节点设备完成多业务的复用和传输。

（3）广域网

广域网（Wide Area Network，WAN）通常跨接很大的物理范围，所覆盖的范围从几十千米到几千千米。它能连接多个城市或国家，或横跨几个洲提供远距离通信，形成国际性的远程网络。

广域网覆盖的范围比局域网和城域网都大。广域网可以利用公用分组交换网、卫星通信网和无线分组交换网，将分布在不同地区的局域网或计算机系统互连起来，达到资源共享的目的。如因特网（Internet）是世界范围内最大的广域网。

广域网分为通信子网与资源子网两部分，主要由一些节点交换机、路由器、服务器以及连接这些交换机、路由器和服务器的链路组成。广域网的链路一般分为传输主干和末端线路，用户可以利用末端线路将局域网接入广域网。

与覆盖范围较小的局域网相比，广域网的特点如下。

① 覆盖范围大，可达数千千米甚至全球。

② 没有固定的拓扑结构。

③ 通常使用高速光纤作为传输介质。

④ 局域网可以作为广域网的终端用户与广域网连接。

⑤ 主干带宽大，但提供给单个终端用户的带宽小。

⑥ 数据传输距离远，往往要经过多个广域网设备转发，时延较长。

⑦ 管理、维护困难。

2. 按照传输介质划分

按照传输介质是有线的还是无线的，可以把计算机网络分为有线网络和无线网络。

（1）有线网络

有线网络是采用同轴电缆、双绞线和光纤等来连接的计算机网络。同轴电缆是早期的一种连网方式，它比较经济，安装较为便利，但传输速率和抗干扰能力一般，传输距离较短。双绞线是目前最常见的连网方式之一，它价格便宜，安装方便，但易受干扰，传输速率较低，传输距离比同轴电缆要短。光纤，是光导纤维的简称，是一种利用光在玻璃或塑料制成的纤维中的全反射原理而达成的光传导工具。相比于电缆和双绞线等铜制材料，光纤的传输带宽大得多，而损耗又很小，光纤已经替代铜线成为主要的有线传输介质。

（2）无线网络

无线网络是用无线电技术传输数据的网络的总称。根据网络覆盖范围的不同，可以将无线网络划分为无线广域网、无线局域网、无线个人局域网。无线广域网是基于移动通信基础设施，由网络运营商经营，承担一个城市所有区域甚至一个国家所有区域的通信服务，例如移动通信网络就是无线广域网。无线局域网则是在短距离范围内负责无线通信接入功能的网络，它的网络连接能力非常强大，例如目前被广泛应用的 Wi-Fi 网络。无线广域网和无线局域网并不是完全互相独立的，它们可以结合起来并提供更加强大的无线网络服务。无线个人局域网则是个人用户将所拥有的便携式设备通过通信设备进行短距离无线连接的无线网络。

3. 按照拓扑结构划分

拓扑结构是指网络的结构形状。按照拓扑结构的不同，可以把计算机网络分为星形拓扑网络、总线型拓扑网络、环形拓扑网络和树形拓扑网络。

（1）星形拓扑

星形拓扑由中央节点和通过点到点通信链路连接到中央节点的各个站点组成。中央节点执行集中式通信控制策略，因此相对复杂，而各个站点的通信处理负担都很小。星形拓扑网络采用的交换方式有电路交换和报文交换，其中电路交换更为普遍。这种结构一旦建立了通道链路，就可以无时延地在连通的两个站点之间传送数据。

星形拓扑结构的优点如下。

- 结构简单，连接方便，管理和维护都相对容易，而且扩展性强。
- 网络时延较小，传输误差小。
- 在同一网段内支持多种传输介质，除非中央节点发生故障，否则网络不会轻易瘫痪。
- 每个节点直接连接到中央节点，故障容易被检测到且便于隔离，可以很方便地排除有故障的节点。

因此，星形拓扑结构是目前应用最广泛的一种拓扑结构。但是，星形拓扑结构在应用中也有以下缺点。

- 安装和维护的费用较高。
- 共享资源的能力较差。
- 一条通信链路只被该链路上的中央节点和边缘节点使用，通信链路利用率不高。
- 对中央节点要求相当高，一旦中央节点出现故障，整个网络将瘫痪。

星形拓扑结构广泛应用于网络智能集中于中央节点的场合。从目前的趋势看，计算机的发展已从集中的主机系统发展到大量功能很强的微型机和工作站，在这种形势下，传统的星形拓扑结构的使用会有所减少。星形拓扑结构如图 3-1 所示。

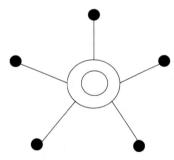

图 3-1　星形拓扑结构

（2）总线型拓扑

采用总线型拓扑结构的网络只有唯一的一条电缆干线，以链的形式连接一个又一个的工作站。总线型拓扑网络的数据传输是广播式传输结构，数据发送给网络上的所有计算机，只有计算机地址与信号中的目的地址相匹配的计算机才能接收到。其采取分布式访问控制策略来协调网络上计算机数据的发送。

所有的节点共享同一介质，某一时刻只有一个节点能够广播消息。虽然总线型拓扑适合办公室的布局，易于安装，但是干线电缆的故障将导致整个网络陷入瘫痪。

总线型拓扑结构的优点如下。

- 网络结构简单，节点的插入、删除比较方便，易于网络扩展。
- 设备少、电缆长度短、造价低，安装和使用方便。
- 具有较高的可靠性，单个节点的故障不会影响整个网络。

总线型拓扑结构的缺点如下。

- 总线传输距离有限，通信范围受到限制。
- 故障诊断和隔离比较困难。当节点发生故障时，隔离起来比较方便；一旦传输介质出现故障，就需要切断整个总线。
- 易发生数据碰撞，线路争用现象比较严重。分布式协议不能保证信息的及时传送，不具有实时功能，站点必须具有介质访问控制功能，从而增加了站点的硬件和软件开销。

总线型拓扑结构如图 3-2 所示。

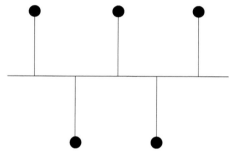

图 3-2　总线型拓扑结构

（3）环形拓扑

在环形拓扑中，各节点通过环路接口连在一条首尾相连的闭合环形通信链路中，环路上的任何节点均可以请求发送信息。请求一旦被批准，便可以向环路发送信息。环形拓扑网络中的数据传输可以是单向的也可以是双向的。由于环路是公用的，一个节点发出的信息必须穿越环路中所有的环路接口，信息流中目的地址与环路上某节点地址相符时，信息被该节点的环路接口所接收，而后信息继续流向下一环路接口，最终一直流回到发送该信息的环路接口节点为止。

环形拓扑结构的优点如下。

- 电缆长度短。环形拓扑网络所需的电缆长度和总线型拓扑网络相似，但比星形拓扑网络要短得多。
- 增加或减少工作站时，仅需简单的连接操作。
- 可使用光纤。光纤的传输速率很高，十分适合环形拓扑的单方向传输。

环形拓扑结构的缺点如下。

- 节点的故障会引起全网故障。这是因为环路上的数据传输要通过连接在环路上的每一个节点，一旦环中某一节点发生故障，就会引起全网的故障。

- 故障检测困难。这与总线型拓扑相似，因为不是集中控制，故障检测需在环路中的各个节点进行，所以就很不容易。

- 环形拓扑结构的介质访问控制协议都采用令牌传递的方式，在负载很小时，信道利用率相对来说就比较低。

环形拓扑结构如图 3-3 所示。

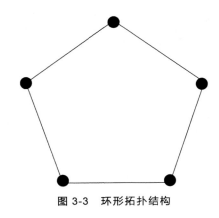

图 3-3　环形拓扑结构

（4）树形拓扑

树形拓扑可以认为是由多级星形拓扑组成的，只不过这种多级星形拓扑自上而下呈三角形分布，就像一棵树一样，最顶端的枝叶少些，中间的多些，最下面的枝叶最多。树的最下端相当于网络中的边缘层，树的中间部分相当于网络中的汇聚层，而树的顶端则相当于网络中的核心层。它采用分级的集中控制方式，其传输介质可有多条分支，但不形成闭合回路，每条通信链路都必须支持双向传输。

树形拓扑结构的优点如下。

- 易于扩展。这种结构可以延伸出很多分支和子分支，这些新节点和新分支都能轻易地加入网内。

- 故障隔离较容易。如果某一分支的节点或链路发生故障，可以很容易地将故障分支与整个系统隔离开来。

树形拓扑结构的缺点为：各个节点对根的依赖性太大，如果根发生故障，则全网不能正常工作。从这一点来看，树形拓扑结构的可靠性类似于星形拓扑结构。

树形拓扑结构如图 3-4 所示。

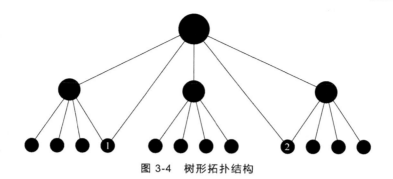

图 3-4　树形拓扑结构

3.2　计算机网络体系结构

3.2.1　OSI 和 TCP/IP

为了在所有类型的计算机系统之间建立通信的网络系统，ISO 提出了标准的网络体系结构模型：OSI 参考模型。

OSI 7 层参考模型在网络技术发展中起了非常重要的指导作用，促进了计算机网络的发展和标准化。但由于该模型较为庞大和复杂，实际的计算机网络系统在进行协议和功能设计时，都会做一定的简化。例如当前计算机网络中最流行的通信协议体系 TCP/IP 参考模型（也称为 TCP/IP 协议簇），就将 OSI 的 7 层模型简化为 4 层参考模型。

TCP/IP 协议簇是互联网的基础，也是当今最流行的网络协议。TCP/IP 是一组协议的代名词，许多协议一起组成了 TCP/IP 协议簇。其中比较重要的协议有 IP、ICMP（Internet Control Message Protocol，互联网控制报文协议）、ARP（Address Resolution Protocol，地址解析协议）、TCP、UDP、FTP（File Transfer Protocol，文件传输协议）、DNS 协议、SMTP（Simple Mail Transfer Protocol，电子邮件传输协议）等。TCP/IP 协议簇并不完全符合 OSI 的 7 层参考模型。它采用了 4 层的层级结构，每一层都通过它的下一层所提供的网络来完成自己的需求。

TCP/IP 参考模型共 4 层，包括网络接口层、网络层、传输层和应用层。其中的部分概念与 OSI 参考模型是类似的，如图 3-5 所示。

1. 网络接口层

网络接口层与 OSI 参考模型中的物理层和数据链路层相对应。它负责监控数据在主机和网络之间的交换。事实上，TCP/IP 本身并未定义该层的协议，参与互连的各网络使用自己的物理层和数据链路层协议，与 TCP/IP 的网络接口层进行连接。

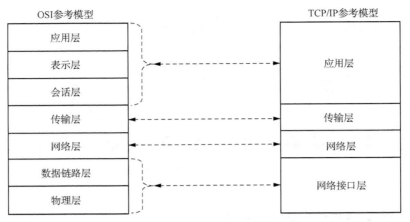

图 3-5　OSI 参考模型与 TCP/IP 参考模型

2. 网络层

网络层对应 OSI 参考模型的网络层，主要解决主机到主机的通信问题。它所包含的协议涉及数据包在整个网络上的逻辑传输。网络层赋予主机一个 IP 地址来完成对主机的寻址，还负责数据包在多种网络中的路由。该层有 3 个主要协议：IP、IGMP（Internet Group Management Protocol，互联网组管理协议）和 ICMP。其中 IP 是最重要的协议。

3. 传输层

传输层也称为运输层。传输层只存在于端开放系统中，介于网络层和应用层之间，是很重要的一层，因为它是从源端到目的端对数据传送进行控制的最后一层。

传输层对应 OSI 参考模型的传输层，主要是为应用层实体提供端到端的通信功能，以保证数据包的顺序传送及数据的完整性。该层定义了 3 个主要的协议：TCP、UDP 和 SCTP（Stream Control Transmission Protocol，流控制传输协议）。

4. 应用层

应用层对应 OSI 参考模型的高层，主要是为用户提供所需要的各种服务。应用层包含所有的高层协议，包括：Telnet 协议、FTP、SMTP、DNS 协议和 HTTP（HyperText Transfer Protocol，超文本传送协议）等。

3.2.2　TCP/IP 参考模型

1. 网络接口层

网络接口层是 TCP/IP 模型中最低的一层，它包括 OSI 7 层模型中的下两层：物理层和数据链路层。其功能包含物理层功能和数据链路层功能两部分，下面分别介绍。

（1）物理层

物理层是最底层，是为传输数据所需要的物理链路创建、维持、拆除而提供具有机械的、电子的功能和规范的特性。简单地说，物理层确保原始的数据可在各种物理介质上传输，概括地说就是定义了"信号和介质"。

信号是指数据的电气或电磁的表现，主要包括两种：一是模拟信号或连续信号，即消息的参数的取值是连续的；二是数字信号或离散信号，即消息的参数的取值是离散的，在使用时间域（简称时域）的波形表示数字信号时，代表不同离散数值的基本波形就称为码元。在使用二进制编码时，只有两种不同的码元，一种代表"0"状态，另一种代表"1"状态。

介质指的是网络设备、接口和互连设备。网络设备指 DTE 和 DCE。DTE 即数据终端设备（Data Terminal Equipment），又称为物理设备，如计算机、终端、网卡等；而 DCE 则是数据通信设备（Data Communications Equipment）或电路连接设备，如调制解调器、交换机、路由器等。数据传输通常是 DTE-DCE-DTE 的路径。

接口指的是遵循接口协议的物理形态，例如遵循以太网各种协议的 10Base-T（10Mbit/s 以太网双绞线接口）、100Base-TX（100Mbit/s 以太网双绞线接口）、100Base-FX（100Mbit/s 以太网光纤接口），遵循 Modems v.92 协议的电话网络接口、串口、并口等。

互连设备是指将 DTE、DCE 连接起来的线缆或者装置，例如同轴电缆、双绞线、光纤、中继器、放大器等。

（2）数据链路层

数据链路层是 OSI 模型的第二层，位于网络层之下、物理层之上，它的主要功能是保证数据传输的有效和可靠，即通过差错控制和流量控制功能来实现数据单元（帧）无差错地从一个站点送达下一个相邻站点。它从网络层接收数据，加上有意义的报文头和报文尾来携带地址和其他控制信息。

该层最常用的是以太网（Ethernet）技术，该技术中最重要的概念是 MAC。MAC 地址又称为物理地址、硬件地址，用来定义网络设备的位置，因此一个主机会有一个 MAC 地址。MAC 地址是由网卡决定的，是固定的。

MAC 地址采用十六进制数表示，共 6 个字节（48 位）。其中，前 3 个字节是由 IEEE 的注册管理机构负责给不同厂家分配的代码（高 24 位），也称为"编制上唯一的标识符"；后 3 个字节（低 24 位）由各厂家自行指派给生产的适配器接口，称为扩展标识符。网卡的物理地址通常是由网卡生产厂家"烧入"网卡的 EPROM（一种闪存芯片，通常可以通过程序擦写）中，它存储的是传输数据时真正发出数据的主机和接收数据的主机的地址。

工作在数据链路层的交换机维护着计算机的 MAC 地址和自身端口的数据库，交换机根据收到的数据帧中的"目的 MAC 地址"字段来转发数据帧。也就是说，在网络底层的物理传输过程中，是通过物理地址来识别主机的，它一定是全球唯一的。例如，以太网网卡的物理地址是位的整数，如 44-45-53-54-00-00，且以机器可读的方式存入主机接口中。以太网地址管理机构将以太网地址，也就是 48 位的不同组合，分为若干独立的连续地址组，生产以太网网卡的厂家就购买其中一组，具体生产时，逐个将唯一地址赋予以太网网卡。

形象地说，MAC 地址就如同身份证上的身份证号码，具有全球唯一性。

2. 网络层

网络层负责将数据包经过多条链路，由源节点传输到目的节点。为实现这种端到端的传递，网络层提供了两种服务：交换和路由。交换是指在物理线路之间建立的临时连接，路由则意味着在有多于一条的路径可选时，选择从一点到另一点发送数据包的最佳路径。在这种情况下，每个数据包都可以通过不同的路由到达目的地，然后按照原始顺序重新组装起来。

路由和交换都需要在原数据上附加数据源地址和目的地址以及其他信息的报文头。这些地址信息与数据链路层中所加的 MAC 地址是不同的。MAC 地址只包括现在和下一个节点的地址。当数据帧从一个节点传输到另一个节点时，地址信息也随之改变。网络层地址则是源地址和目的地址，它们在传输中不会改变，因而被称为逻辑地址。例如 IP 地址，它是计算机网络中最常使用的地址。

（1）IP

IP 是网络之间互连的协议，也就是为计算机网络相互连接进行通信而设计的协议。IP 与 TCP 是 TCP/IP 协议体系中两个最重要的协议，共同构成了 Internet 的基础。IP 将多个数据包交换网络连接起来，它在源地址和目的地址之间传送数据包，还提供对数据大小的重新组装功能，以适应不同网络对数据包大小的要求。任何厂家生产的计算机系统，只要遵守 IP 就可以与 Internet 互连互通。正是因为有了 IP，Internet 才得以迅速发展成为世界上最大的、开放的计算机网络。IP 定义了以下三部分内容。

① 定义了在 Internet 上传送数据的基本单元和数据格式。

② 定义了 IP 完成路由选择功能，选择数据传送的路径。

③ 定义了一组不可靠分组传送的规则，以及分组处理、差错信息发生和分组的规则。

IP 交换是一种数据报交换形式，就是把所传送的数据分段打成"包"，再传送出去。但是与传统的"连接型"分组交换不同，它属于"无连接型"，是把打成的每个"包"都作为一个"独立的报文"传送出去，所以称为"数据报"。这样，在开始通信之前就不需要先连接好一条电路，各个数据报不一定都通过同一条路径传输，所以称为"无连接型"。这一特点非常重要，它大大提高了网络的坚固性和安全性。

负责制定国际互联网通信协议的组织称为因特网工程任务组（Internet Engineering Task Force，IETF），它先后发布过多个版本的协议，最通用的协议版本是 1981 年发布的网际协议版本 4，即 IPv4。IPv4 最大的问题在于网络地址资源有限，严重制约了互联网的应用和发展，因此 IETF 又设计出了用于替代 IPv4 的下一代协议：IPv6。IETF 从 1996 年开始逐步推出 IPv6。2012 年 6 月，国际互联网协会举行了世界 IPv6 启动纪念日，当前绝大多数的通信设备都同时支持 IPv4 和 IPv6。

（2）IP 地址

IP 中有一个非常重要的内容，那就是给 Internet 上的每台计算机和其他设备都规定了一个唯一的地址，即 IP 地址。正是有这种唯一的地址，才保证了用户在连网的计算机上操作时，能够高效而且方便地从千千万万台计算机中选出自己所需的对象来。

① IPv4 地址

IPv4 地址是 IP 版本 4 所采用的地址，它使用 32 位（4 字节）地址，在计算机内部用 32 位二进制数形式表示。但为了方便阅读和分析，它通常被写作点分十进制数的形式，即 4 字节被分开用十进制数表示，中间用点分隔，例如 192.0.2.235。

一个 IP 地址被分成两部分：地址的高位字节用作网络识别码（网络地址），剩下的低位字节用作主机识别码（主机地址）。地址的高位字节被定义为网络的类（Class），通过这种方式定义了 5 个类别：A、B、C、D 和 E。A、B 和 C 类有不同的网络地址长度，也意味着每个网络类别有着不同的为主机编址的能力（主机个数）。D 类被用于多播地址，E 类留作将来使用。

② IPv6 地址

IPv6 地址的引入不仅能解决网络地址资源数量的问题，而且能解决多种接入设备连入互联网的故障。

IPv6 的地址长度为 128 位，是 IPv4 地址长度的 4 倍，因此 IPv4 的点分十进制数格式不再适用。IPv6 采用十六进制数表示，3 种表示方法如下。

一是冒分十六进制数表示法。格式为 X:X:X:X:X:X:X:X，其中每个 X 表示地址中的 16 位，以十六进制数表示，例如：

ABCD:EF01:2345:6789:ABCD:EF01:2345:6789

这种表示法中，每个 X 的前导 0 是可以省略的，例如：

2001:0DB8:0000:0023:0008:0800:200C:417→ 2001:DB8:0:23:8:800:200C:417

二是 0 位压缩表示法。在某些情况下，一个 IPv6 地址中可能包含很长的一段"0"，可以把连续的一段"0"压缩为"::"。但为保证地址解析的唯一性，地址中"::"只能出现一次，例如：

FF01:0:0:0:0:0:0:1101 → FF01::1101

0:0:0:0:0:0:0:1 → ::1

0:0:0:0:0:0:0:0 → ::

三是内嵌 IPv4 地址表示法。为了实现 IPv4 与 IPv6 的互通，IPv4 地址会嵌入 IPv6 地址中。此时地址常表示为 X:X:X:X:X:X:d.d.d.d，前 96 位采用冒分十六进制数表示，而最后 32 位地址则使用 IPv4 的点分十进制数表示，例如::192.168.0.1 与::FFFF:192.168.0.1 就是两个典型的例子。注意：在前 96 位中，0 位压缩表示法依旧适用。

（3）网络层的其他协议

网络层的其他协议主要包括 ARP、ICMP 和 IGMP。ARP 是根据 IP 地址获取物理地址的一个协议。主机发送信息时将包含目标 IP 地址的 ARP 请求广播到网络上的所有主机，并接收返回消息，以此确定目标的物理地址；收到返回消息后将该 IP 地址和物理地址存入本机 ARP 缓存中并保留一定时间，下次请求时直接查询 ARP 缓存以节约资源。ICMP 用于在 IP 主机、路由器之间传递控制消息。控制消息是指网络通不通、主机是否可达、路由是否可用等网络本身的消息。ICMP 是一个非常重要的协议，它对于网络安全而言具有极其重要的意义。当遇到 IP 数据无法访问目标、IP 路由器无法按当前的传输速率转发数据包等情况时，会自动发送 ICMP 消息。IGMP 提供 Internet 网际多点传送的功能，即将一个 IP 包复制给多个主机。

3．传输层

传输层的任务是提供可靠的、高效的数据传输，它在应用层和网络层之间提供了无缝接口。传输层的主要协议有 TCP、UDP、SCTP。

（1）TCP

TCP 层是位于 IP 层之上，应用层之下的中间层。TCP 是一种面向连接的、可靠的、基于字节流的传输层通信协议，由 IETF 的 RFC 793 定义。在简化的 OSI 参考模型中，它完成第 4 层传输层所指定的功能。TCP 结构如图 3-6 所示。

图 3-6　TCP 结构

TCP 通过以下过程来保证端到端数据通信的可靠性。

① TCP 实体把应用程序划分为合适的数据块，加上 TCP 报文头，生成数据段。

② 当 TCP 实体发出数据段后，立即启动计时器。如果源设备在计时器清零后仍然没有收到目的设备的确认报文，则重发数据段。

③ 当对端 TCP 实体收到数据后，发回一个确认消息。

④ TCP 包含一个端到端的校验和字段，检测数据传输过程的任何变化。如果目的设备收到的数据校验和计算结果有误，TCP 将丢弃数据段，源设备在计时器清零后重发数据段。

⑤ 由于 TCP 数据承载在 IP 数据包内，而 IP 提供了无连接的、不可靠的服务，数据包有可能会失序。TCP 提供了重新排序机制，目的设备对收到的数据进行重新排序，交给应用程序。

（2）UDP

UDP 在网络中与 TCP 一样用于处理数据包，是一种无连接的协议。UDP 有不提供数据包分组、组装以及不能对数据包进行排序的缺点，也就是说，当报文发送之后是无法得知其是否安全、完整到达的。UDP 用来支持那些需要在计算机之间实时传输数据的网络应用，包括网络视频会议系统在内的众多的客户机/服务器模式的网络应用都需要使用 UDP。

UDP 有以下几个特点：一是不可靠，面向无连接；二是高效；三是适用于对实时性要求较高的应用（如语音、视频）或高可靠稳定的网络传输。

（3）SCTP

SCTP 提供的服务与 UDP 和 TCP 提供的服务类似。SCTP 在客户机和服务器之间提供关联，并像 TCP 那样为应用提供可靠性、排序、流量控制及全双工的数据传送。

与 TCP 不同的是，SCTP 是面向消息的。它提供各个记录的按序传送服务。SCTP 能够在所连接的端点之间提供多个流，每个流各自可靠地按序传送消息。一个流上某个消息的丢失不会阻塞同一关联其他流上消息的投递。这种做法与 TCP 正好相反。就 TCP 而言，在单一字节流中任何位置的字节丢失都将阻塞该连接上其后所有数据的传送，直到该丢失被修复为止。因此 SCTP 比 TCP 更加可靠，常用来传输通信网络中的控制消息（信令）。

4. 应用层

应用层对应 OSI 参考模型的高层，为用户提供所需要的各种服务。应用层包含所有的高层协议，具体的应用一般会使用一个或者多个协议。为了方便使用协议，应用层协议都定义了一个端口号,作为与下层协议通信的标识,应用层协议与端口号如图 3-7 所示。

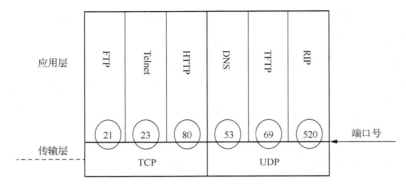

图 3-7　应用层协议与端口号

下面对一些常见的应用层协议进行介绍。

（1）SMTP

SMTP 是一组用于从源地址到目的地址传输邮件的协议,通过它来控制邮件的中转方式。SMTP 属于 TCP/IP 协议簇,它帮助每台计算机在发送或中转邮件时找到下一个目的地。SMTP 服务器就是遵循 SMTP 的发送邮件服务器。SMTP 认证,简单地说就是要求必须在提供账户和密码之后才可以登录 SMTP 服务器。

（2）POP

邮局协议（Post Office Protocol,POP）负责从邮件服务器中检索电子邮件。它要求邮件服务器完成下面几项任务之一:从邮件服务器中检索邮件并从服务器中删除这个邮件;从邮件服务器中检索邮件但不删除它;不检索邮件,只是询问是否有新邮件到达。POP 支持多用户互联网邮件扩展。多用户互联网邮件扩展允许用户在电子邮件中附带二进制文件,如文字处理文件和电子表格文件等,这样就可以传输任何格式的文件了,包括图片和声音文件等。在用户阅读邮件时,POP 命令所有的邮件信息立即下载到用户的计算机上,而不在服务器上保留。现在最常用的 POP3 是邮局协议的第 3 个版本,是 Internet 电子邮件的第一个离线协议标准。

（3）IMAP

IMAP（Interactive Mail Access Protocol,交互邮件访问协议）是一种优于 POP 的协议。与 POP 一样,IMAP 也能下载邮件、从服务器中删除邮件或询问是否有新邮件,但 IMAP 修复了 POP 的一些缺点。例如,它可以决定客户机请求邮件服务器提交所收到邮件的方式,请求邮件服务器只下载所选中的邮件而不是全部邮件。客户机可先阅读邮件信息的标题和发送者的名字再决定是否下载这个邮件。通过用户的客户机电子邮件程序,

IMAP 可让用户在服务器上创建并管理邮件文件夹或邮箱、删除邮件、查询某封邮件的一部分或全部内容，完成所有这些工作都不需要把邮件从服务器下载到用户的个人计算机上。目前 IMAP 在企业级邮件系统中应用更为广泛。

（4）FTP

FTP 用于在 Internet 上控制文件的双向传输。同时，它也是一个应用程序。基于不同的操作系统有不同的 FTP 应用程序，而所有这些应用程序都遵守同一种协议以传输文件。在 FTP 的使用过程中，用户经常遇到两个概念："下载"（Download）和"上传"（Upload）。"下载"文件就是从远程主机复制文件至自己的计算机上；"上传"文件就是将文件从自己的计算机复制至远程主机上。用 Internet 语言来说，用户可通过客户机程序从（向）远程主机下载（上传）文件。

（5）Telnet 协议

Telnet 协议是 Internet 远程登录服务的标准协议和主要方式。它为用户提供了在本地计算机上完成远程主机工作的能力。终端使用者可以在 Telnet 程序中输入命令，这些命令会在服务器上运行，就像直接在服务器的控制台上输入一样，这样就可以在本地控制服务器。要开始一个 Telnet 会话，必须输入用户名和密码来登录服务器。Telnet 是常用的远程控制 Web 服务器的方法。

（6）DHCP

DHCP（Dynamic Host Configuration Protocol，动态主机配置协议）是一个局域网的网络协议，使用 UDP 工作，主要有两个用途：一是给内部网络或网络服务供应商自动分配 IP 地址，二是给用户或者内部网络管理员提供对所有计算机进行集中管理的手段。DHCP 采用客户机/服务器模型，主机地址的动态分配任务由网络主机驱动。当 DHCP 服务器接收到来自网络主机申请地址的信息时，才会向网络主机发送相关的地址配置等信息，以实现网络主机地址信息的动态配置。DHCP 通常被应用在大型的局域网环境中，主要作用是集中管理、分配 IP 地址，使网络环境中的主机可动态获得 IP 地址、网关地址、DNS 服务器地址等信息，并能够提升地址的使用率。

（7）HTTP

HTTP 是互联网上应用最为广泛的一种网络协议。它详细规定了浏览器和万维网（World Wide Web，WWW）服务器之间互相通信的规则，是万维网交换信息的基础，它允许将超文本标记语言（HyperText Markup Language，HTML）文档从服务器传送到浏览器。HTTP 是一种无状态的协议，无状态是指浏览器与服务器之间不需要建立持久的连接。这意味着当一个客户机向服务器发出请求时，服务器返回响应，连接就被关闭了，服务器不保留连接的有关信息。也就是说，HTTP 请求只能由客户机发起，服务器不能主动向客户机发送数据。

3.3　局域网技术

3.3.1　局域网简介

局域网是最常见、应用最广的一种网络，随着计算机网络技术的发展得到充分的应用和普及。IEEE 的 802 标准委员会定义了多种主要的局域网：令牌环网（Token Ring）、光纤分布式数据接口（FDDI）、异步传输模式（ATM）、以太网（Ethernet）及无线局域网（Wireless Local Area Network，WLAN）。随着技术的发展，有些网络技术已经被淘汰。下面简单介绍这些网络技术，其中 WLAN 由于使用无线通信技术，比较特殊，在后续章节会单独介绍。

1. Token Ring

Token Ring 通常翻译为令牌环网，最初是由 IBM 公司于 20 世纪 70 年代发起的，在环形网络中普遍采用介质访问控制协议。其工作原理是在环中加入特殊的 MAC 控制帧，即"令牌"，用于控制节点有序地访问介质。如果节点 A 有数据要发送，它必须等待空闲令牌到达本站。当获得空闲令牌后，它将令牌标志位由"空闲"置为"忙碌"，并构造成数据帧进行传输。数据帧在环上做广播传输，每个节点可依次接收到数据帧，但只有目的 MAC 地址相匹配的节点才接收（这一点与总线型经典以太网类似）。数据帧遍历环后，回到节点 A，由节点 A 回收数据帧，并将令牌状态改为空闲，然后将空闲令牌送到环上。

由于令牌环网存在固有缺点，很少有商业应用，在计算机局域网已很少见，原来提供令牌环网设备的厂商多数也退出了市场。

2. FDDI

FDDI 的英文全称为 Fiber Distributed Data Interface，中文名为"光纤分布式数据接口"。它是 20 世纪 80 年代中期发展起来的一项局域网技术，它提供的高速数据通信能力高于当时的以太网（10Mbit/s）和令牌环网（4Mbit/s 或 16Mbit/s）。FDDI 由美国国家标准学会（American National Standards Institute，ANSI）制定，使用双环令牌，传输速率可以达到 100Mbit/s。

当 FDDI 实现了数据以 100Mbit/s 的速率输入/输出时，在当时与 10Mbit/s 的以太网和令牌环网相比性能有了相当大的改进。FDDI 的主要缺点是与以太网相比价格高昂、交换机端口少、技术复杂，所以使用场景受到限制，仅有少量商业应用。随着快速以太网和千兆以太网技术的发展，FDDI 已经被彻底淘汰。

3. ATM

ATM 的开发始于 20 世纪 70 年代后期。ATM 是一种较新型的单元交换技术，与以太网、令牌环网、FDDI 等使用可变长度数据包的包技术不同，ATM 使用 53 字节固定长度的单元进行交换。ATM 实际上是一种交换技术，它没有因为共享介质或包传递带来的时延，非常适合音频和视频数据的传输。

由于 ATM 采用固定长度的信元格式不够灵活，信元头部开销太大，而且技术复杂且价格高昂，在与以太网技术的竞争中处于劣势。随着千兆以太网技术的推出，ATM 网络已经彻底失去竞争优势。

4. Ethernet

随着计算机网络通信技术的发展，以太网已经完全取代其他技术，成为目前应用最普遍的局域网技术。以太网有两类：第一类是经典以太网，也称为标准以太网；第二类是交换式以太网。经典以太网是以太网的原始形式，运行速率为 3～10Mbit/s；而交换式以太网正是目前广泛应用的以太网，运行速率可达 100Mbit/s、1000Mbit/s，甚至10000Mbit/s，分别对应快速以太网（Fast Ethernet）、千兆以太网（Gbit/s Ethernet）和万兆以太网（10Gbit/s Ethernet）。

（1）经典以太网

经典以太网一般是 10Mbit/s 的速率，传输介质采用双绞线和同轴电缆。它采用标准总线型结构，所有设备共用总线，网络设备称为集线器（Hub）。经典以太网体系结构如图 3-8 所示。

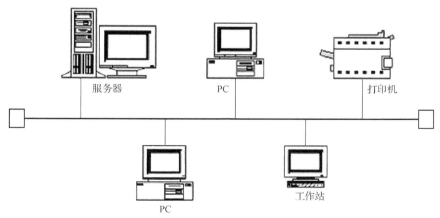

图 3-8　经典以太网体系结构

经典以太网使用 CSMA/CD（载波监听多路访问/碰撞检测）算法来保证网络中的每个站点既能使用总线传输数据，又能防止互相干扰。其原理是，当一个站点有帧要发送时，总是先监听介质，一旦介质变为空闲便立即发送。在它们发送的同时，监测信道上是否有冲突。如果有冲突，则立即终止传输，并发出一个短冲突加强信号，再等待一段随机时间后重发。

经典以太网的这种工作方式随着网络中设备的增多，冲突发生的概率将大大增加，严重影响数据传输的效率。随着技术的发展，它最终被交换式以太网取代。交换式以太网解决了经典以太网中多终端同时发送数据导致的冲突问题，进而大大提高了数据传输的效率。

（2）交换式以太网

交换式以太网的核心是工作在数据链路层的交换机。它包含一块连接所有端口的高速背板和多个连接设备节点的端口。每个节点可以随时向端口发送数据帧，交换机只把帧输出（交换）到该帧想去的端口。这相当于每个端口之间都有独立专用的通道，除非两个端口同时对 1 个端口进行通信，否则不会发生冲突问题。这样就避免了发送的数据帧在通过交换机时与其他节点发送的帧发生冲突，从而极大地提高了传输效率。

快速以太网由 IEEE 802.3u 标准定义，基本与标准以太网相同，但速率比标准以太网快 10 倍。快速以太网的速率是通过提高时钟频率和使用不同的编码方式来获得的。其传输方案最常用的有 100Base-TX、100Base-FX 两种，TX 是指使用五类数据级无屏蔽双绞线或屏蔽双绞线，FX 代表使用光纤。

千兆以太网技术仍然是以太网技术，它采用了与 10Mbit/s 以太网相同的帧格式、帧结构、网络协议、全/半双工工作方式、流控模式及布线系统。由于该技术不改变传统以太网的桌面应用、操作系统，因此可与 10Mbit/s 或 100Mbit/s 的以太网很好地配合工作。千兆以太网技术有两个标准：IEEE 802.3z 和 IEEE 802.3ab。IEEE 802.3z 制定了光纤和短程铜线连接方案的标准。IEEE 802.3ab 制定了五类双绞线上较长距离连接方案的标准。

万兆以太网规范包含在 IEEE 802.3 标准的补充标准 IEEE 802.3ae 中。IEEE 802.3ae 扩展了 IEEE 802.3 协议和 MAC 规范使其支持 10Gbit/s 的传输速率。

3.3.2　以太网设备

1. 交换机

这里所说的交换机即以太网交换机。它工作于 OSI 参考模型的第二层（数据链路层），是一种基于 MAC 地址识别、完成以太网数据帧转发的网络设备。

交换机内部拥有一条带宽很大的背部总线和内部交换矩阵。用于连接计算机（称为主机）或其他设备的插口被称作端口，计算机借助网卡和网线连接到交换机的端口上，所有的端口都挂接在这条背部总线上。网卡、交换机的每个端口都有一个 MAC 地址。

端口控制电路收到数据包以后，会查找内存中的 MAC 地址和端口对照表，以确定目的 MAC 地址的设备挂接在哪个端口上，通过内部交换矩阵迅速将数据包传送到目的端口，从而实现数据交换。若目的 MAC 地址不存在，则将地址广播到所有的端口。接收端口回应后，交换机会"学习"新的 MAC 地址，并把它添加到内部 MAC 地址表中。生成 MAC 地址表以后，发往该 MAC 地址的数据包将被仅送往其对应的端口，而不是所有的端口。

交换机能同时连通多对端口，使每一对相互通信的主机都能像独占通信介质那样无冲突地传输数据，相当于用户独占传输介质的带宽。若一个接口到主机的带宽是 10Mbit/s，那么有 10 个端口的交换机的总带宽则是 100Mbit/s，这是交换机的最大优点。

2. 路由器

路由器（Router）是互联网的主要节点设备，工作在 OSI 参考模型的第三层（网络层）。路由器是连接两个或多个网络的硬件设备，在网络间起着网关的作用。它读取每一个数据包中的地址（IP 地址），然后通过路由算法决定数据的转发。转发策略称为路由（Routing）选择，这也是路由器名称的由来（Router，转发者）。作为不同网络之间互相连接的枢纽，路由器系统构成了基于 TCP/IP 的 Internet 的主体脉络，也可以说，路由器构成了 Internet 的骨架。它的处理速度是网络通信的主要瓶颈之一，它的可靠性则直接影响着网络互连的质量。因此，在园区网、地区网乃至整个 Internet 研究领域中，路由器技术始终处于核心地位，其发展历程和方向成为整个 Internet 研究的一个缩影。

路由器的主要工作就是为经过路由器的每个数据帧寻找一条最佳传输路径，并将该数据有效地传送到这条路径上的下一个目的站点。由此可见，选择最佳路径的策略（路由算法）是路由器的关键所在。为了完成这项工作，在路由器中保存着各种传输路径的相关数据——路由表（Routing Table），供路由选择时使用。简单地说，路由器有以下几个功能。

（1）网络互连。路由器支持各种局域网和广域网接口，主要用于互连局域网和广域网，实现不同网络间的互相通信。

（2）数据处理。路由器提供分组过滤、分组转发、优先级、复用、加密、压缩和防火墙等功能。

（3）网络管理。路由器提供路由器配置管理、性能管理、容错管理和流量控制等功能。

3. 路由、路由表和路由协议

路由是指数据包从源传输到目的地时，决定端到端路径的网络范围的进程。路由器通常连接两个或多个由 IP 子网或点到点协议标识的逻辑端口，至少拥有 1 个物理端口。路由器根据收到的数据包中的 IP 地址和路由器内部维护的路由表决定输出端口及下一跳地址，并且重写链路层数据包头实现数据包转发。路由器通过动态维护路由表来反映当前的网络拓扑，并通过网络上其他路由器交换路由和链路信息来维护路由表。

路由表由目的网络地址（Dest）、掩码（Mask）、下一跳地址（Gw）、发送的物理端口（Interface）、路由信息的来源（Owner）、路由优先级（Pri）、度量值（Metric）等构成。下面给出了路由表中的一条记录，如图 3-9 所示。

目的 网络地址	掩码	下一跳 地址	发送的 物理端口	路由信息 的来源	路由 优先级	度量值
172.16.8.0	255.255.255.0	1.1.1.1	fei_1/1	static	1	0

图 3-9 路由表构成

- 172.16.8.0：目的逻辑网络地址或子网地址。
- 255.255.255.0：目的逻辑网络地址或子网地址的网络掩码。
- 1.1.1.1：下一跳逻辑地址。
- fei_1/1："学习"到这条路由的接口和数据的转发接口。
- static：路由器"学习"到这条路由的方式。
- 1：路由优先级。
- 0：度量值。

路由协议主要运行于路由器上，工作在网络层，用来建立路由表、维护路由表、决定最佳路由。常用的路由协议有 RIP（Routing Information Protocol，路由信息协议）、OSPF（Open Shortest Path First，开放式最短路径优先）、IS-IS（Intermediate System to Intermediate System，中间系统到中间系统）、BGP（Border Gateway Protocol，边界网关协议）等。它们有不同的路由算法，适用于不同的网络类型。例如 RIP 是最简单的路由协议，采用距离矢量算法，适用于小型网络。OSPF 和 IS-IS 采用链路状态算法，适用于大型网络。而 BGP 属于外部网关路由协议，既不是纯粹的距离矢量协议，也不是纯粹的链路状态协议，通常被称为通路向量路由协议。它主要运行在大型网络的边界路由器上，为网络内的路由器跨网络进行路由信息通信提供保障。

3.3.3　VLAN

VLAN（Virtual Local Area Network，虚拟局域网）的目的就是将一个原本过于庞大的局域网，划分成若干个小局域网（子网），各子网内部的广播消息和其他无用流量信息被限制在本子网内，从而降低网络风暴引起的网络故障。VLAN 的应用在网络中是非常广泛的，现在绝大多数的局域网内部都会划分 VLAN。同一个 VLAN 内的用户通信就像在一个局域网内一样，不同 VLAN 之间的用户通信则需要通过路由功能实现。

IEEE 于 1999 年颁布了用于标准化 VLAN 实现方案的 802.1q 协议标准草案。VLAN 技术的出现，使得管理员可以根据实际应用需求，把同一物理局域网内的不同用户逻辑地划分成不同的广播域。每一个 VLAN 都包含一组有着相同需求的计算机工作站，与物理上形成的局域网有着相同的属性。由于它是从逻辑上划分的，而不是从物理上划分的，所以同一个 VLAN 内的各个工作站没有被限制在同一个物理范围中，即这些工作站可以在不同的物理局域网网段。由 VLAN 的特点可知，一个 VLAN 内部的广播和单播流量都不会转发到其他 VLAN 中，从而有助于控制流量、减少设备投资、简化网络管理、提高网络的安全性。

在一个局域网内，划分 VLAN 最常用的方法有基于交换机端口、基于 MAC 地址、基于子网、基于用户的划分方法。图 3-10 所示为基于端口的 VLAN 划分。端口 1 和 2 的设备属于 VLAN1，端口 3 和 4 的设备属于 VLAN2。

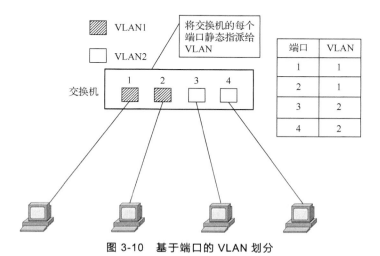

图 3-10　基于端口的 VLAN 划分

3.4　WLAN

WLAN 是应用无线通信技术将计算机设备互连起来，构成可以互相通信和实现资源共享的网络体系。它使用电磁波取代物理连接线缆（例如同轴电缆、双绞铜线、光纤等）构成局域网络。

WLAN 使用的频率范围是 2.4GHz 频段（2.4GHz～2.4835GHz）和 5GHz 频段（5.15GHz～5.35GHz 和 5.725GHz～5.850GHz），分别属于特高频（300MHz～3GHz）和超高频（3GHz～30GHz）。这两个频段属于 ISM （Industrial Scientific Medical，工业科学医疗）频段，是由 ITU-R 定义的开放给工业、科学和医学机构使用的免费频段。因此只要设备的功率符合限制要求，用户不需要向政府申请许可证即可使用这些频段，大大方便了 WLAN 的应用和推广。

3.4.1　WLAN 系统组成

WLAN 系统一般由接入控制器（Access Controller，AC）和无线接入点（Access Point，AP）组成。

1. AC

AC 是 WLAN 的接入控制设备，负责把来自不同 AP 的数据进行汇聚并接入 Internet，同时完成 AP 设备的配置管理，无线用户的认证、管理，以及宽带访问、安全等控制功能。

2. 无线 AP

无线 AP 是一个无线网络的接入点，俗称"热点"。它是用于无线网络的无线交换机，也是无线网络的核心。AP 相当于一个连接有线网和无线网的桥梁，主要作用是将各个无线网络客户机连接到一起，然后将无线网络接入以太网，从而达到网络无线覆盖的目的，是组建小型 WLAN 时最常用的设备。

无线 AP 又分为两种类型，分别是 Fat AP（胖 AP）和 Fit AP（瘦 AP）。

（1）Fat AP 除了具有无线接入功能外，一般还具备广域网、局域网两个接口，多支持 DHCP、DNS、VPN 接入及防火墙等功能。Fat AP 典型的例子是无线路由器。

（2）Fit AP 是自身不能单独配置或者使用的无线 AP 产品。它仅仅是 WLAN 系统的一部分，负责管理安装和操作。

3.4.2　WLAN 组网

WLAN 有两种组网方式，一种是 Fat AP 组网，又叫自治式网络架构；另一种是 AC Fit AP 组网，又叫集中式网络组网。

1. Fat AP 组网

Fat AP 组网最典型的就是家庭无线网络，如图 3-11 所示。家庭使用的无线路由器就是一种 Fat AP，Fat AP 不仅可以发射射频提供无线信号供无线终端接入，还能独立完成安全加密、用户认证和用户管理等管控功能。

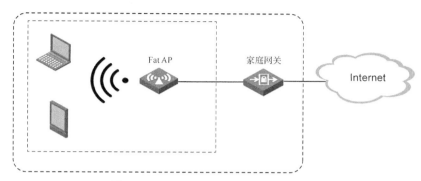

图 3-11　Fat AP 组网——家庭无线网络

Fat AP 功能强大，独立性强，具备自治能力，不需要接入专门的管控设备，独自就可以完成无线用户的接入、业务数据的加密和业务数据报文的转发等功能。

2. AC Fit AP 组网

在中大型使用场合，由于 WLAN 覆盖面积较大，接入用户较多，需要部署许多 Fat AP，而每个 Fat AP 又是独立、自治的，缺少统一的管控设备，管理这些设备就变得十分麻烦。所以，在大量部署的情况下，Fat AP 会带来巨大的管理维护成本，而且由于独自控制用户的接入，Fat AP 无法解决用户的漫游问题。因此，一般在中大型使用场合中人们往往不会选择 Fat AP 组网，而是 AC 和 AP 一起进行 AC Fit AP 组网，如图 3-12 所示。

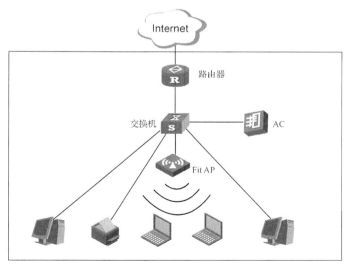

图 3-12　AC Fit AP 组网

在 AC Fit AP 组网下，可以统一为 Fit AP 下发配置和进行软件升级，还可以按照时段控制 Fit AP 的工作数量等，这些都大大降低了 WLAN 的管控和维护的成本。而且由于用户的接入认证可以由 AC 统一管理，解决用户漫游的问题就变得很容易。

综上所述，AC Fit AP 组网适用于中大型使用场景，而 Fat AP 组网适用于小型使用场景。

3.4.3　WLAN 与 Wi-Fi

1999 年，一些 WLAN 设备生产厂商一起成立了一个工业 Wi-Fi（Wireless Fidelity，无线保真）联盟。Wi-Fi 联盟建立了一套验证产品兼容性的测试程序，称为 Wi-Fi 认证，通过该程序认证的产品可以使用 Wi-Fi 认证标签。所以事实上，Wi-Fi 就是 Wi-Fi 联盟的一个商标，该商标仅保障使用该商标的商品互相之间可以合作，与标准本身实际上并没有关系。但因为 Wi-Fi 主要采用 802.11b 协议（WLAN 最主要的一个协议），所以人们逐渐习惯用 Wi-Fi 来称呼 802.11b 协议，或者认为 Wi-Fi 就是 WLAN，WLAN 就是 Wi-Fi，其实这种认知是错误的。

习题

1. 互联网的组成和优势具体体现在哪些方面？
2. 画出 OSI 参考模型和 TCP/IP 参考模型。
3. 简述 OSI 参考模型和 TCP/IP 参考模型的不同之处。
4. 传输层协议包括哪些？简述它们的不同之处。
5. 简要说明交换机的工作原理。
6. 简要说明 VLAN 技术的相关概念、作用、特点、端口类型。
7. 路由器中路由表的结构体系包括哪些？
8. 简要说明 WLAN 与 Wi-Fi 的关系。

04

第 4 章　光纤通信技术

光纤作为当今最重要的有线传输介质，已经完全替代铜线成为通信网的首选。本章介绍光纤通信技术。首先从光纤通信的发展史入手，介绍光纤通信的发展历程。接着介绍光纤通信系统的组成、光纤通信传输介质。最后介绍光纤传输网和光纤接入网，对常用的传输技术及无源光网络接入技术做简单介绍。

4.1　光纤通信概述

光纤通信是以光波作为信息载体，以光纤作为传输介质的一种通信方式。光纤通信作为一项广泛应用的通信技术，从一开始就显示出了"无比"的优越性，引起人们的极大兴趣和关注，在短短的40 多年中，获得了迅速的发展。

1966 年，华裔科学家高锟发表论文提出用石英制作玻璃丝（光纤），并证明了如果其损耗降到 20dB/km 以下，即可用于通信。2009年高锟因发明光纤获得诺贝尔物理学奖。

1970 年，康宁（Corning）公司研制出损耗低至 20dB/km、长约30m 的石英光纤。1976 年贝尔实验室在华盛顿亚特兰大建立了一条实验线路，传输速率仅 45Mbit/s，只能传输数百路电话，而用同轴电缆可传输 1800 路电话。因为当时尚无用于通信的激光器，而是用发光二极管（Light Emitting Diode，LED）作为光纤通信的光源，所以速率很低。

1984 年，通信用的半导体激光器研制成功，光纤通信的传输速率达到 144Mbit/s，可同时传输 1920 路电话。

1992 年，一根光纤的传输速率达到 2.5Gbit/s，可同时传输 3 万余路电话。

1996 年，各种波长的激光器研制成功，可实现多波长多通道的光纤通信，即所谓"波分复用"技术，也就是在一根光纤内，传输多个不同波长的光信号。于是光纤通信的传输容量倍增。

2000 年，利用波分复用（Wavelength Division Multiplexing，WDM）技术，一根光纤的传输速率达到 640Gbit/s。

光纤通信技术的诞生是电信行业一项革命性的进步，它的应用使现在的信息传递质量得到了很大的优化。光纤通信技术具有质量轻、速度快、损耗低、体积小等优势，且能够稳定地应对电磁干扰环境，输送带宽大，在多个领域内都有广泛的运用。

在光纤通信系统中，作为载波的光波频率比电波频率高得多，而作为传输介质的光纤又比同轴电缆损耗低得多。因此相对于电缆或微波通信，光纤通信具有如下独特的优点。

1. 通信频带宽，容量高

在单一波段光纤通信系统中，光纤通常会受到终端设备的影响，无法将宽频带这一特点充分表现，而通过光纤通信传输技术，这一缺陷可以得到弥补。光纤通信的宽频带、高容量特点对于信息的传输意义重大，能够满足未来宽带综合业务的发展需求。

2. 低损耗，中继距离长

相较于其他传输介质而言，实用石英材质光纤损耗可在 0.2dB/km 以下，远小于其他介质。即使将来应用非石英材质光纤，其损耗值也在 10^{-9}dB/km 左右。光纤低损耗的特点便决定了光纤通信可以实现长远的中继距离，实际建设过程中可以大幅度降低通信系统成本，有利于提升系统的稳定性和可靠性。

3. 强抗干扰性能

制作光纤的材质具有绝缘性，受到雷电、电离层等的干扰影响较小，也可以一定程度上抵抗电气化设备和高压设备等工业电气造成的干扰，可用于与高压输电线进行平行架设，或者与电力导体复合组成复合型光缆进行通信传输。光纤的强抗干扰性能决定了其可广泛应用于军事、电气等领域中。

4. 无串音干扰，保密性强

传统通信传输过程中，载体承载信息极易被窃取泄露，所以传统通信传输的信息保密效果较差。而光纤通信传输过程不存在干扰现象，信息很难从光纤中泄露。光波在转弯处，由于弯曲半径过小，信息容易泄露，但其强度也十分微弱。对于该问题，可采用涂敷消光剂措施，这样既可实现信息的保密，也能够屏蔽串音干扰。

5. 线径细，重量小

光纤内芯半径约 0.1mm，为单管同轴电缆的 1%。线径细这一特点使得整个传输系统占用空间小，具备节约地下管道资源、减少占地面积的优点。此外，光纤属玻璃材质，重量极轻，构成的光缆重量也较轻，1m 单管同轴电缆重量一般为 11kg，而同容量的光缆重量一般约为 90g。

4.2 光纤通信系统的组成

计算机技术和光纤通信技术是信息化的两大核心支柱，计算机负责把信息数字化，并输入网络中；光纤则担负着信息传输的重任。当代社会和经济发展中，信息容量日益剧增，为提高信息的传输速度和增大传输容量，光纤通信被广泛应用于信息化的发展，成为继微电子技术之后信息领域中的重要技术。

基本的光纤通信系统由光发信机、光学信道和光收信机组成。其中数据源包括所有的信号源，它们是语音、图像、数据等业务经过信源编码所得到的信号。光发信机和调制器则负责将信号转变成适合在光纤上传输的光信号，先后用过的光信号波长（光波窗口）有 850nm、1310nm 和 1550nm。光学信道包括基本的光纤及掺铒光纤放大器（Erbium-Doped Fiber Amplifer，EDFA）等；而光收信机则接收光信号，并从中提取信息，然后转变成电信号，最后得到对应的语音、图像、数据等信号。

光纤通信系统是数字通信的理想通道。与模拟通信相比较，数字通信有很多的优点，如灵敏度高、传输质量好。因此，大容量、长距离的光纤通信系统大多采用数字传输方式。

在光纤通信系统中，光纤中传输的是二进制光脉冲"0"码和"1"码，它由二进制数字信号对光源进行通断调制而产生。而数字信号是对连续变化的模拟信号进行抽样、量化和编码产生的，称为脉冲编码调制（Pulse Code Modulation，PCM）。这种电的数字信号称为数字基带信号，由 PCM 电端机产生。

光纤通信系统主要包括如下几个部分，如图 4-1 所示。

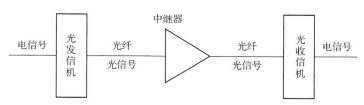

图 4-1 光纤通信系统的基本组成

1. 光发信机

光发信机是实现电/光转换的光端机。它由光源、驱动器和调制器组成。其功能是使用来自电端机的电信号，对光源发出的光信号进行调制，然后将已调的光信号耦合到光纤去传输。电端机指的是常规的电子通信设备。

2. 光收信机

光收信机是实现光/电转换的光端机。它由光检测器和光放大器组成。其功能是将光纤传输来的光信号，经光检测器转变为电信号，再将这微弱的电信号经放大电路放大到足够的电平，送到接收端的电端机。

3. 光纤

光纤构成光的传输通路。其功能是将光发信机发出的已调光信号，经过光纤的远距离传输后，耦合到光收信机的光检测器上去，完成传送信息任务。

4. 中继器

中继器由光检测器、光源和判决再生电路组成。它的作用有两个：一是补偿光信号在光纤中传输时受到的衰减；二是对波形失真的脉冲进行整形。

4.3　光纤通信传输介质

光纤通信的传输介质称为光纤（光导纤维的简称），是一种由玻璃或塑料制成的纤维。

通常"光纤"与"光缆"两个名词会被混淆。多数光纤在使用前必须由几层保护结构包覆，包覆后的缆线即被称为光缆。光纤外层的保护层和绝缘层可防止周围环境对光纤的伤害，如水淹、火烧、电击等。

4.3.1　光纤的结构

光纤的典型结构是多层同轴圆柱体，如图 4-2 所示，自内向外为纤芯、包层和涂覆层。核心部分是纤芯和包层，其中纤芯由高度透明的材料制成，是光波的主要传输通道；包层的折射率略小于纤芯，使光的传输性能相对稳定。纤芯粗细、纤芯材料和包层材料的折射率，对光纤的特性起决定性影响。涂覆层包括一次涂覆、缓冲层和二次涂覆，可保护光纤不受水汽的侵蚀和机械的擦伤，同时又增强光纤的柔韧性，起着延长光纤寿命的作用。工程中一般将多条光纤固定在一起构成光缆，如图 4-3 所示。

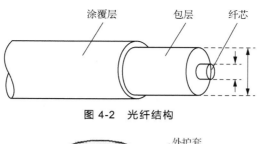

图 4-2　光纤结构

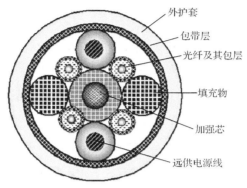

图 4-3　光缆结构

4.3.2　光纤的种类

光纤的种类按照不同标准主要分为以下几类。

（1）根据光纤横截面上折射率的不同，光纤可以分为阶跃型光纤和渐变型光纤。阶跃型光纤的纤芯和包层间的折射率分别是一个常数，在纤芯和包层的交界面，折射率呈阶梯形突变。渐变式光纤纤芯的折射率随着半径的增加按一定规律减小，在纤芯与包层交界处减小为包层的折射率，纤芯的折射率的变化曲线近似于抛物线。

（2）按传输模式的不同，光纤分为单模光纤（Single Mode Fiber，SMF）和多模光纤（Multi Mode Fiber，MMF）两种。光以一特定的入射角度射入光纤，在纤芯和包层间发生全发射，从而可以在光纤中传播，即称为一个模式。当光纤直径较大时，可以允许光以多个入射角射入并传播，就称为多模光纤；当光纤直径较小时，只允许一个方向的光通过，就称为单模光纤。由于多模光纤会产生干扰、干涉等复杂问题，因此在带宽、容量上均不如单模光纤，实际通信中应用的光纤绝大多数是单模光纤。

其中，单模光纤又可以按照最佳传输频率窗口分为：常规型单模光纤和色散位移型单模光纤。常规型单模光纤是将光纤传输频率最佳化在单一波长的光上，如 1310nm。色散位移型单模光纤是将光纤传输频率最佳化在两个波长的光上，如 1310nm 和 1550nm。

为了使光纤具有统一的国际标准，ITU 制定了统一的光纤标准（G 标准）。按照 ITU-T 关于光纤的建议，可以将光纤的种类分为：

- G.651 光纤（50/125μm 多模渐变型折射率光纤）；

- G.652 光纤（非色散位移光纤）；
- G.653 光纤（色散位移光纤）；
- G.654 光纤（截止波长位移光纤）；
- G.655 光纤（非零色散位移光纤）。

为了适应新技术的发展需要，目前 G.652 类光纤已进一步分为了 G.652A、G.652B、G.652C 这 3 个子类，G.655 类光纤也进一步分为了 G.655A、G.655B 两个子类。

多模光纤，芯的直径是 50μm 和 62.5μm 两种，大致与人的头发的粗细相当。而单模光纤芯的直径为 8~10μm，常用的是 9μm。包层直径一般为 125μm。

（3）按照制造光纤所用的材料可以分为石英系光纤、多组分玻璃光纤、塑料包层石英芯光纤、全塑料光纤和氟化物光纤。其中，全塑料光纤是用高度透明的聚苯乙烯或聚甲基丙烯酸甲酯（有机玻璃）制成的。它的特点是制造成本低廉，相对来说芯的直径较大，与光源的耦合效率高，耦合光纤的光功率大，使用方便。但由于其损耗较大、带宽较小，这种光纤只适用于短距离低速率通信，如短距离计算机局域网链路、船舶内通信等。通信中普遍使用的是石英系光纤。

4.3.3 光纤传输特性

光信号经过一定距离的光纤传输后要产生衰减和畸变，光脉冲信号不仅幅度要减小，而且波形要展宽，因而输出信号和输入信号不同。产生信号衰减和畸变的主要原因是光在光纤中传输时存在损耗和色散等性能劣化。损耗和色散是光纤的主要的传输特性，它们限制了系统的传输距离和传输容量。

1. 光纤的损耗

在光纤通信系统中，当入纤的光功率和接收灵敏度给定时，光纤的损耗将是限制无中继传输距离的重要因素。当光在光纤中传输时，随着传输距离的增加，光功率逐渐减小，这种现象称为光纤的损耗。造成光纤的损耗的原因主要有吸收损耗、散射损耗和辐射损耗。

（1）吸收损耗

由光纤固有材料的吸收引起的对光信号的吸收称为本征吸收；由光纤中的杂质引起的吸收称为杂质吸收。吸收必然带来损耗。吸收损耗与光波长有关。光纤材料中存在着紫外光区域光谱的吸收和红外光区域光谱的吸收，紫外光吸收带是由原子跃迁引起的，红外光吸收是由分子振动引起的。

（2）散射损耗

散射损耗是由于材料不均匀，光散射而引起的损耗，主要有瑞利散射损耗和波导散射损耗两种。

瑞利散射损耗是由于纤芯的折射率沿纵向的不均匀造成的，其不均匀点的尺寸比光波波长还要小。光在光纤中传输时，遇到这些比波长小，带有随机起伏的不均匀点时，改变了传输方向，产生了散射损耗。

波导散射损耗是在光纤制造过程中，由于工艺的不完善，造成纤芯尺寸上的变化和纤芯或纤芯-包层界面上有微小气泡，这些都会使光纤的纤芯沿 Z 轴（传播方向）有变化或不均匀，交界面随机的畸变或粗糙会产生散射，引起损耗。这种损耗与波长无关。

（3）辐射损耗

光纤受到某种外力作用时，会产生一定曲率半径的弯曲。弯曲后的光纤可以传光，但会使光的传播途径改变。一些传输模变为辐射模，引起能量的泄漏，这种能量泄漏导致的损耗称为辐射损耗。

2. 光纤的色散

光纤的色散是由光纤中所传输的光信号的不同频率成分和不同模式成分的群速度不同而引起的传输信号畸变的一种物理现象。它将传输脉冲展宽，产生码间干扰，增大误码率。传输距离越长，脉冲展宽越严重，所以色散限制了光纤的通信容量，也限制了无中继传输距离。

光纤中的色散可分为材料色散、模式间色散、波导色散和偏振模色散等。

（1）材料色散是由于材料本身折射率随频率而变，于是信号各频率的群速度不同，引起的色散。

（2）模式间色散是在多模传输下，光纤中各模式在同一光源频率下传输系数不同，因而群速度不同而引起的色散。

（3）波导色散是模式本身的色散。对于光纤中某一模式本身，在不同频率下，传输系数不同，群速度不同，而引起的色散。

（4）偏振模色散是由输入光脉冲激励的两个正交的偏振模式之间的群速度不同而引起的色散。

因为材料色散和波导色散发生在同一模式内，所以称之为模内色散；而模式间色散和偏振模色散，可称之为模间色散。对于多模传输，模式间色散占主导，材料色散相对较小，波导色散一般可以忽略。对于单模传输，材料色散占主导，波导色散相对较小。由于光源不是单色的，总有一定的谱宽，这就增加了材料色散和波导色散的严重性。

4.4　光纤传输网

4.4.1　传输网的发展

传输网是用作传送通道的网络，一般架构在交换网、数据网和支撑网之间，为各种专业网提供透明传输通道。现在电信传输网主要是以光纤为传输介质的光纤传输网。图4-4所示为传输网、接入网在电信网中的位置。

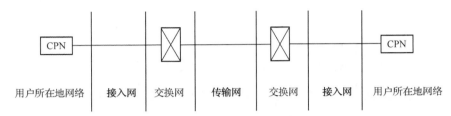

用户所在地网络　接入网　交换网　传输网　交换网　接入网　用户所在地网络

图 4-4　传输网、接入网在电信网中的位置

传输网经历了从模拟到数字、从电缆到光缆、从几十千比特每秒的低速到几吉比特每秒甚至几万吉比特每秒的高速、从刚性通道到弹性通道的变化。在通信技术发展的过程中，典型的数字承载技术，在分组传送网（Packet Transport Network，PTN）和 IP 无线接入网（IP Radio Access Network，IPRAN）出现以前，已经有很多种成熟的承载技术，典型的有准同步数字体系（Pseudo-Synchronous Digital Hierarchy，PDH）、同步数字体系（Synchronous Digital Hierarchy，SDH）、多业务传送平台（Multi-Service Transport Platform，MSTP）、路由交换、ATM、密集波分复用（Dense Wavelength Division Multiplexing，DWDM）、光传送网（Optical Transport Network，OTN）技术等。

PDH、SDH/MSTP 是比较早期的承载技术，起源于 20 世纪 90 年代。SDH 技术的特点是具有块状帧结构，丰富的操作、管理和维护（Operation、Administration、Maintainance，OAM）开销，灵活的业务调度，完善的保护功能。随着以太网业务的兴起，出现了在 SDH 网络里上传送 IP 数据帧的需求，由此衍生出了 MSTP 技术。从根本上看 MSTP 就是在 SDH 的块状帧中为 IP 留了几个字段位置，这虽然满足了传输 IP 帧的需求，但毕竟是一种临时的改造，无法满足 IP 快速、大带宽和强调优化 QoS 的传输需求。

由于承载的 IP 化和网络扁平化的发展趋势，业内越来越关注 IP 承载技术和传输技术的分工和融合，当前的形势是传输层逐步向承载层渗透，而基于 IP 的承载技术逐步具有以往传输层实现的功能。由于传输层的特点是能提供强的保护和恢复能力，而承载层本身也具有保护和恢复的功能，因此承载层能否替代传输层的核心问题就是 IP 承载层的保护恢复功能能否完全替代传输层的保护恢复功能。此外，传输层现在也逐步开始具备

MAC 层的处理功能,并且随着智能网络的实现,也可以实现光虚拟专用网(Optical Virtual Private Network, OVPN)和组播等功能, 具备用户网络接口(User Network Interface, UNI),实现交换连接,传输网也逐步实现部分交换和实时寻路的功能,呈现传输和承载网络逐步融合的趋势。因此 SDH/MSTP 很快被全新的更适合 IP 业务特性的传输技术所取代,例如中国移动主推的 PTN 和中国电信/中国联通主推的 IPRAN。

以 PTN 技术为例,它以分组作为传送单元,其帧结构不再是标准的块状结构,而是可变化长短的。就好像一辆车厢大小可以变化的货车,根据货物的大小确定车厢的大小。传送过程中它采用贴标签的方式(标签交换技术)将货物准确地送到目的地。在目前移动网络由 LTE 向 5G 演进的过程中,PTN 技术能较好地承载电信级以太网业务,满足业务标准化、高可靠性、灵活扩展性、严格 QoS 和完善的 OAM 等基本要求。

4.4.2　SDH

在 SDH 出现以前,电信网中所用的数字传输系统是 PDH,它可以很好地适应传统的点对点的通信,却无法适应动态连网的要求,也难以支持新业务应用和现代网络管理。由于 PDH 在业务的单调性、扩展的复杂性、带宽的局限性等各方面具有缺陷,因此 SDH 成为 20 世纪 90 年代初以来比较理想的传输技术体系。

1. 基本原理

在 SDH 传输网中,信息采用标准化的模块结构,即同步传送模块 STM-N(N=1、4、16、64 和 256)(Synchronous Transport Module level N,同步传输模块 N 级),其中 N=1 是基本的标准模块信号。STM-N 信号帧结构的安排应尽可能使支路的低速信号在一帧内均匀、有规律地分布,以便于实现支路信号的同步复用、交叉连接、分/插和交换,说到底就是为了方便地从高速信号中直接上/下低速支路信号。

SDH 的整个帧结构大体可分为段开销(Section Overhead, SOH)、管理单元指针(Administration Unit PoinTeR, AU-PTR)和净荷(Payload)的 3 个区域,分别叙述如下。

(1)段开销

段开销(SOH)是为了保证信息净荷正常传送所必须附加的网络 OAM 字节。例如 SOH 可对 STM-N 这辆运货车中的所有货物在运输中是否有损坏进行监控,而 POH 的作用是当车上有货物损坏时,通过它来判定具体是哪一件货物出现损坏。也就是说 SOH 完成对货物整体的监控,而 POH 是完成对某一件特定的货物的监控。SOH 和 POH 还有一些其他管理功能。

SOH 又分为再生段开销(Regenerator Section Overhead, RSOH)和复用段开销

（Multiplex Section Overhead，MSOH），可分别对相应的段层进行监控。"段"其实相当于一条大的传输通道，RSOH 和 MSOH 的作用也就是对这一条大的传输通道进行监控。

（2）管理单元指针

管理单元指针（AU-PTR）是用来指示信息净负荷的第一个字节在 STM-*N* 帧内的准确位置的指示符，以便接收端能根据这个位置指示符的值（指针值）准确分离信息净负荷。

（3）净荷

净荷即信息净荷，每个帧中存放净荷的区域称为净荷域，也就是在 STM-*N* 帧结构中存放将由 STM-*N* 传送的各种用户信息码块的地方。净荷域相当于 STM-*N* 这辆运货车的车厢，车厢内装载的货物就是经过打包的低速信号——待运输的货物。为了实时监测货物（打包的低速信号）在传输过程中是否有损坏，在将低速信号打包的过程中加入了监控开销字节——通道开销（Path Overhead，POH）字节。POH 作为信息净负荷的一部分，与信息码块一起装载在 STM-*N* 这辆货车上并在 SDH 网中传送，它负责对打包的货物（低阶通道）进行通道性能监视、管理和控制。

2．SDH 传输业务信号时的步骤

SDH 传输业务信号时，各种业务信号要进入 SDH 的帧都要经过映射、定位和复用 3 个步骤，具体如下。

（1）映射是将各种速率的信号先经过码速调整装入相应的标准容器，再加入通道开销 POH 形成虚容器（Virtual Container，VC）的过程，帧相位发生偏差被称为帧偏移。

（2）定位是将帧偏移信息收进支路单元（Tributary Unit，TU）或管理单元（Administration Unit，AU）的过程，它通过支路单元指针（Tributary Unit Pointer，TU PTR）或管理单元指针（Administration Unit Pointer，AU PTR）的功能来实现。

（3）复用是一种使多个低阶通道层的信号适配进高阶通道层，或把多个高阶通道层信号适配进复用层的过程。复用也就是通过字节交错间插的方式，把 TU 组织进高阶 VC 或把 AU 组织进 STM-*N* 的过程，由于经过 TU 和 AU 指针处理后的各 VC 支路信号已相位同步，因此该复用过程是同步复用原理与数据的串并变换相类似。

4.4.3　MSTP

MSTP 是指基于 SDH 平台同时实现 TDM、ATM、以太网等业务的接入、处理和传送，提供统一网管的多业务节点。

SDH 发展中面临着时分复用、固定带宽分配带来的效率低下、成本高、技术相对复杂等问题，而 MSTP 能把许多分立的网络元素整合在单一的多业务平台，它的最大好处是可以代替功能各不相同的大量传输设备和接入设备。

MSTP 的出现不仅减少了大量独立的业务节点和传送节点设备，简化了节点结构，而且降低了设备成本，加快了业务提供速度，改进了网络扩展性，节省了运营维护和培训成本，还提供了诸如虚拟专用网（Virtual Private Network，VPN）或视频广播等新的增值业务。特别是在它集成了 IP 路由、以太网、帧中继或 ATM 之后，可以通过统计复用和超额订购业务来提高 TDM 通路的带宽利用率并减少局端设备的端口数，使现有 SDH 基础设施最佳化。最后，MSTP 还可以方便地完成协议终结和转换功能，使运营商可以在网络边缘提供多种不同业务，并同时将这些业务的协议转换成其特有的骨干网协议，且成本要比现有设备显著降低。

MSTP 基于 SDH 的多业务传送节点可根据网络需求应用在承载网的接入层、汇聚层等。MSTP 可以将传统的 SDH 复用器、数字交叉连接器（Digital Cross Connect，DXC）、WDM 终端、网络二层交换机和 IP 边缘路由器等多个独立的设备集成为一个网络设备，即基于 SDH 技术的平台，进行统一控制和管理。

总的来看，SDH 多业务平台最适合作为网络边缘的融合节点，支持混合型业务量，特别是以 TDM 业务量为主的混合型业务量。

4.4.4　PTN

1. PTN 概念和特性

PTN 是指这样一种光传送网络架构和具体技术：在 IP 业务和底层光传输介质之间设置一个层面，它是针对分组业务流量的突发性和统计复用传送的要求而设计的，以分组业务为核心并支持多业务提供，具有更低的总体使用成本，同时秉承光传输的传统优势，包括高可用性和可靠性、高效的带宽管理机制和流量工程、便捷的 OAM 和网管、可扩展、较高的安全性等。

PTN 支持多种基于分组交换业务的双向点对点连接通道，具有这些优点：适合各种粗细颗粒业务、端到端的组网能力，提供了更加适合 IP 业务特性的弹性传输管道；具备丰富的保护方式，遇到网络故障时能够实现 50ms 的电信级业务保护倒换，实现传输级别的业务保护和恢复；继承了 SDH 技术的 OAM 机制，具有点对点连接的"完美"OAM 体系，保证网络具备保护切换、错误检测和通道监控能力；完成了与 IP/MPLS 多种方式的互连互通，无缝承载核心 IP 业务；网管系统可以控制连接信道的建立和设置，实现了业务 QoS 的区分和保证，灵活提供服务等级协议（Service-Level Agreement，SLA）等。

2. PTN 的典型技术

就实现方案而言，PTN 可分为以太网增强技术和传输技术结合多协议标签交换（Multi-Protocol Label Switching，MPLS），前者以骨干桥流量工程（Provider Backbone

Bridge-Traffic Engineering，PBB-TE）为代表，后者以面向连接的多协议标签交换（Transport MPLS，T-MPLS）为代表。下面选择广泛应用的 T-MPLS 技术进行介绍。

T-MPLS 是分组传送网技术的一个重要分支，它是一种面向连接的分组传送技术。在承载网络中，它将客户信号映射进 MPLS 帧并利用 MPLS 机制（例如标签交换、标签堆栈）进行转发，同时它增加传送层的基本功能，例如连接和性能监测、生存性（保护恢复）、管理和控制面。T-MPLS 是一种面向连接的网络技术，是 MPLS 的一个功能子集。

T-MPLS 网络分为层次清晰的 3 个层面：数据转发平面（也称传送平面）、控制平面和管理平面。数据转发平面包括全光交换、TDM 交换和 T-MPLS 分组交换，其引入了面向连接的 OAM 和保护恢复功能。控制平面为 GMPLS/ASON，进行标签的分发，建立标签转发通道，实现全光交换、TDM 交换的控制面融合，体现了分组和传送的完全融合。管理平面执行整个系统的管理功能，同时提供各平面间的协同操作。管理平面执行的功能包括故障管理、配置管理、性能管理等。T-MPLS 的 3 个平面功能示意如图 4-5 所示。

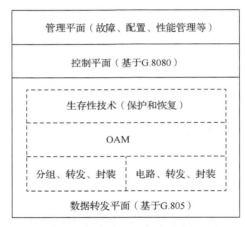

图 4-5　T-MPLS 的 3 个平面功能示意

3. PTN 组网应用

PTN 设备目前是承载网组网最主要的设备，大型的承载网在逻辑上可以划分为 4 个层次：接入层、汇聚层、核心层和骨干层，如图 4-6 所示。图中各层 PTN 设备的差别在于其性能、容量、板卡数量等，例如接入层设备属于小型、紧凑型 PTN 设备，核心层设备属于大型 PTN 设备，其支持的交换能力、板卡数量远高于接入层 PTN。

接入层是承载网中离用户最近的一层，它下连基站和其他接入设备。接入层的传输速率都比较低，通常为 155Mbit/s～1Gbit/s；汇聚层在接入层的上一层，汇聚层的传输速率比接入层要高，通常为 622Mbit/s～10Gbit/s；核心层处于区域（一般是省）网络的核心，核心层的传输速率通常在 1Gbit/s～10Gbit/s；骨干层是整个承载网的枢纽，包括省级骨干层和国家级骨干层，只有跨省数据才需要进入骨干层传输，骨干层的传输速率在 10Gbit/s 到 Tbit/s 数量级。

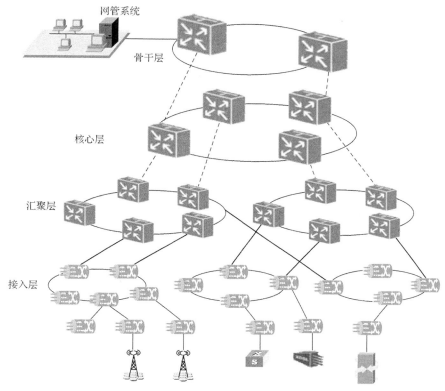

图 4-6　承载网的分层

4.4.5　WDM/OTN

1．WDM 概述

波分复用（WDM）是将多路不同波长的光载波信号经复用器合成一路在光纤上传输的技术。采用这种技术可以同时在一根光纤上传输多路信号，每一路信号都由某种特定波长的光来传送。每一路对应的就是一个波长信道。

WDM 技术可以让光纤通信系统的数据传输速率和容量获得几十倍甚至上百倍的增加，所以逐渐成为应用广泛的光纤通信技术类型。

在过去的 20 多年中，光纤通信飞速发展，光通信网络成为现代通信网的基础平台。双波长 WDM（1310/1550nm）系统 20 世纪 80 年代在美国 AT&T 网中开始使用，速率为 2×17Gbit/s。20 世纪 90 年代后期，随着技术的发展，特别是基于掺铒光纤放大器（EDFA）技术的 1550nm 波长密集波分复用（DWDM）系统的应用，WDM 技术发展很快，传输速率不断创出新高。

在 WDM 技术发展的早期，相邻波道的间隔一般较大，通常大于 20nm，波长数不超过 16 个，我们将这样的 WDM 技术称为稀疏波分复用（Coarse Wavelength Division Multiplexing，CWDM）。与之相对，如果信道间隔缩小到 1.6nm、0.8nm 或更小，系统的波长数在 32 个以上，则称为密集波分复用（DWDM）。当前使用的 WDM 技术，如果没有特殊说明，一般指的都是 DWDM 技术。

2．WDM 原理

在模拟载波通信系统中，通常采用频分复用方法提高系统的传输容量，充分利用电缆的带宽资源，即在同一根电缆中同时传输若干个信道的信号，接收端根据各载波频率的不同，利用带通滤波器就可滤出每一个信道的信号。同样，在光纤通信系统中也可以采用光的频分复用的方法来提高系统的传输容量，在接收端采用解复用器（等效于光带通滤波器）将各信号光载波分开。

相比于通常所指的电磁波，由于光信号的频率非常巨大，用频率标识光信号不太方便，因此在光纤通信系统中一般采用光信号的波长来代替其频率，WDM 和频分复用实质上完全一致。WDM 技术就是充分利用了单模光纤低损耗区带来的巨大带宽资源，根据每一信道光波的波长不同，可以将光纤的低损耗窗口划分成若干个信道，把光波作为信号的载波，在发送端采用波分复用器（合波器）将不同规定波长的信号光载波合并起来送入一根光纤进行传输。在接收端，再由一个波分解复用器（分波器）将这些不同波长的承载不同信号的光载波分开。WDM 原理示意如图 4-7 所示。如果不考虑光纤非线性，不同波长的光载波信号可以看作互相独立，从而在一根光纤中可实现多路光信号的复用传输。

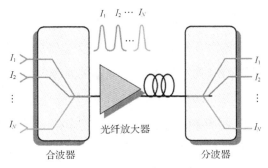

图 4-7　WDM 原理示意

目前 DWDM 的应用最为广泛，其技术特点如下。

（1）充分利用光纤的低损耗波段，增加光纤的传输容量，使一根光纤传送信息的物理限度增加一倍至数倍。目前只是利用了光纤低损耗谱（1310～1550nm）极少一部分，

WDM 可以充分利用单模光纤的巨大带宽（约 25THz），传输带宽充足。

（2）具有在同一根光纤中，传送数个非同步信号的能力，有利于数字信号和模拟信号的兼容，与数据速率和调制方式无关，在线路中间可以灵活取出或加入信道。

（3）对已建光纤系统，尤其早期铺设的芯数不多的光缆，只要原系统有功率余量，可进一步增容，实现多个单向信号或双向信号的传送而不用对原系统做大改动，具有较强的灵活性。

（4）由于大量减少了光纤的使用量，大大降低了建设成本。当出现故障时，恢复起来也迅速方便。

（5）有源光设备的共享性，对多个信号的传送或新业务的增加降低了成本。

（6）系统中有源设备得到大幅减少，这样就提高了系统的可靠性。

3．OTN

光传送网（OTN）是以 WDM 技术为基础，在光层实现业务信号的传送、复用、路由选择、监控，并且保证其性能指标和生存性的传送网络。OTN 解决了传统 WDM 网络无波长/子波长业务调度能力差、组网能力弱、保护能力弱等问题。OTN 跨越了传统的电域（数字传送）和光域（模拟传送），是管理电域和光域的统一标准。OTN 处理的基本对象是波长级业务，它将传送网推进到真正的多波长光网络阶段。

（1）OTN 的技术特性

由于结合了光域和电域处理的优势，OTN 可以提供巨大的传送容量、完全透明的端到端波长/子波长连接以及电信级的保护，是传送宽带大颗粒业务的最优技术。它的关键技术特征如下。

① 多种客户信号封装和透明传输。

基于 ITU-TG.709 的 OTN 帧结构可以支持多种客户信号的映射和透明传输，如 SDH、ATM、以太网等。

② 大颗粒的带宽复用、交叉和配置。

OTN 定义的电层带宽颗粒为光通道数据单元(ODUk, k=1,2,3)，即 ODU1（2.5Gbit/s）、ODU2（10Gbit/s）和 ODU3（40Gbit/s），光层的带宽颗粒为波长。相对于 SDH 的 VC-12/VC-4 的调度颗粒，OTN 复用、交叉和配置的颗粒明显要大很多，能够显著提升高带宽数据客户业务的适配能力和传送效率。

③ 强大的开销和维护管理能力。

OTN 提供了和 SDH 类似的开销管理能力，OTN 光通道层的 OTN 帧结构大大增强了该层的数字监视能力。另外，OTN 还提供 6 层嵌套串联连接监视功能，这样使得 OTN

组网时，采取端到端和多个分段同时进行性能监视的方式成为可能，为跨运营商传输提供了合适的管理手段。

④ 增强了组网和保护能力。

通过 OTN 帧结构、ODUk 交叉和多维度可重构光分插复用器的引入，光传送网的组网能力大大增强了；前向纠错技术的采用，显著增加了光层传输的距离。另外，OTN 提供更为灵活的基于电层和光层的业务保护功能，如基于 ODUk 层的光子网连接保护和共享环网保护、基于光层的光通道或复用段保护等。

OTN 和 PTN 是完全不同的两种技术，从技术上来说应该没有联系。OTN 是光传送网，从传统的波分技术演进而来，主要加入了智能光交换功能，可以通过数据配置实现光交叉而不用人为跳纤。PTN 是分组传送网，是传送网与数据网融合的产物。

（2）OTN 技术架构

OTN 的架构分为光通道层（Optical Channel，OCH）、光复用层（Optical Multiplex Section，OMS）、光传送层（Optical Transmission Section，OTS）三部分，如图 4-8 所示。图中的客户层指的是 OTN 的上一层，一般是电层。为了解决所传送电层信号（俗称客户信号）的监控并增加纠错功能，需要在客户信号前后增加不同的附加信息，包括开销（Overhead，OH）和前向纠错编码（Forward Error Correction，FEC）。OCH 又分为 OPU（OCH Payload Unit，光净荷单元）、ODU（OCH Data Unit，光数据单元）、OTU（OCH Transport Unit，光传送单元）三个子层。根据电信号的速率不同，分别记为 OPUk、ODUk、OTUk，这里的 k 可以为 1、2 或 3，在 OTN 的技术特性中有解释。OTN 中的光通道层 OCH 的架构类似 SDH 技术中的段层和通道层，因此，从技术本质上而言，OTN 技术是对已有的 SDH 和 WDM 的传统优势进行更为有效的继承和组合，同时扩展了与业务传送需求相适应的组网功能；而从设备类型上来看，OTN 设备相当于 SDH 和 WDM 设备融合为一种设备，同时拓展了原有设备类型的优势功能。

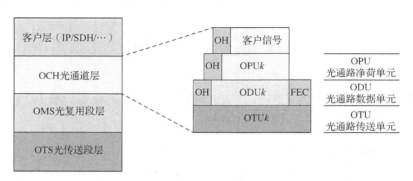

图 4-8　OTN 网络分层

（3）OTN 应用

基于 OTN 的传送网主要由省际干线传送网、省内干线传送网、城域（本地）传送网构成，而城域传送网可进一步分为核心层、汇聚层和接入层。相对 SDH 而言，OTN 技术的最大优势就是提供大颗粒带宽的调度与传送，因此在不同的网络层面是否采用 OTN 技术，取决于主要调度业务带宽颗粒的大小。按照网络现状，省际干线传送网、省内干线传送网及城域传送网的核心层调度的主要颗粒一般在 Gbit/s 及以上，因此，这些层面均可优先采用优势和扩展性更好的 OTN 技术来构建。对于城域传送网的汇聚与接入层面，当主要调度颗粒达到 Gbit/s 量级时，亦可优先采用 OTN 技术构建。

4.5　光纤接入网

光纤接入网（Optical Access Network，OAN）中应用的光纤接入技术是目前电信网中发展最为快速的接入网技术。光纤接入网具有支持更高速率的宽带业务，可以有效解决接入网的"瓶颈效应"。它具有传输距离长、质量高、可靠性好、易于扩容和维护的优点。

光纤接入技术是指局端与用户之间完全以光纤作为传输媒体的接入技术，将这种技术应用于接入网，就是我们所说的光纤接入网。

4.5.1　无源光网络

光纤接入网可以分为有源光网络（Active Optical Network，AON）和无源光网络（Passive Optical Network，PON）两种。

无源光网络的概念最早是英国电信公司的研究人员于 1987 年提出的，是一种应用光纤的接入网。其所用的器件包括光纤、无源光分路器（Passive Optical Splitter，POS）等，都是无源器件，所以它被称为"无源光网络"。无源光网络（PON）的组网如图 4-9 所示。

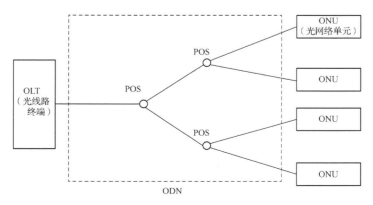

图 4-9　无源光网络的组网

PON 由三个部分构成：光线路终端(Optical Line Terminal，OLT)、光网络单元(Optical Network Unit，ONU) 及光分配网络（ Optical Distribution Network，ODN ）。OLT 是光纤接入网中的局端设备，它通过各种接口与业务网络（电信网、互联网、广电网）相连。OLT 在下行将电信号转变成光信号，通过光纤（或分光器等器件）把光信号传递到用户端；在上行完成光电转换，通过光纤接收 ONU 的数据，送入相应的业务网络。OLT 同时负责对用户端设备 ONU 的控制和管理。

ONU 是光纤接入网中的用户侧设备，实现收发双向的光电或电光转换。它可以选择接收 OLT 发送的数据，传送给终端用户设备，同时按照 OLT 分配的时隙发送用户业务数据。

ODN 就是两个有源设备 OLT 和 ONU 之间所有光纤、无源分光器、光配线设备组成的一个网络，整个网络中没有任何有源器件。

无源光网络是一种纯介质网络，避免了外部设备的电磁干扰和雷电影响，减少了线路和外部设备的故障率，提高了系统可靠性，同时节省了维护成本，它是电信维护部门长期期待的技术。无源光接入网的优势具体体现在以下几个方面。

（1）无源光网络体积小，设备简单，安装维护费用低，投资相对也较小。

（2）无源光设备组网灵活，拓扑结构可支持树形、星形、总线型、混合型、冗余型等网络拓扑结构。

（3）安装方便，它分为室外型和室内型。其中室外型可直接挂在墙上，或放置于"H"形杆上，无须租用或建造机房。而室内型需进行光电、电光转换，设备制造费用高，要使用专门的场地和机房，远端供电问题不好解决，日常维护工作量大。

（4）无源光网络适用于点对多点通信，仅利用无源分光器实现光功率的分配。

（5）无源光网络是纯介质网络，彻底避免了电磁干扰和雷电影响，极适合在自然条件恶劣的地区使用。

（6）从技术发展角度看，无源光网络扩容比较简单，不涉及设备改造，只需设备软件升级，硬件设备一次购买，即可长期使用，为光纤入户奠定了基础，使用户投资得到保证。

4.5.2　无源光网络的应用

在目前的有线接入模式中，由于光纤通信具备大带宽、低成本的特性，因此光纤接入网得到了普及，各种光纤接入方案光纤到 x（ Fiber To The x，FTTx ）能够解决不同的宽带接入需求。

根据光纤深入用户的程度，光纤接入技术可以分为光纤到家庭（ Fibre To The Home，

FTTH）、光纤到楼宇（Fibre To The Building，FTTB）、光纤到路边（Fibre To The Curb，FTTC）、光纤到节点（Fibre To The Node，FTTN）、光纤到办公室（Fiber To The Office，FTTO）等。FTTx 的典型组网模式如图 4-10 所示。图中的 UNI 为用户网络接口（User Network Interface），SNI 为业务节点接口（Service Node Interface），是接入网在用户侧和业务侧的接口的总称。

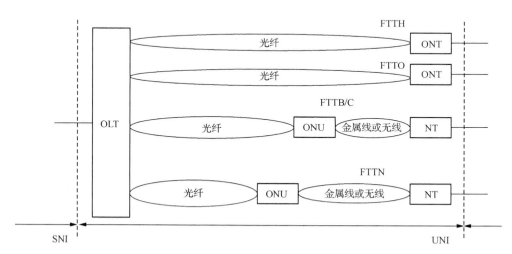

图 4-10　FTTx 的典型组网模式

顾名思义，FTTH 就是一根光纤直接到家庭。它是在光纤上承载的业务，从局端到用户基本可以做到无源。FTTH 去掉了整个铜线设施：包括馈线、配线和引入线。它还省掉了铜线所需的所有维护工作，并大大延长了网络寿命。对宽带应用来说，这种结构是最稳健、最持久的解决方案之一。FTTH 的显著技术特点是不但提供更大的带宽，而且增强了网络对数据格式、速率、波长和协议的透明性，放宽了对环境条件和供电条件等要求，简化了维护和安装。它适合引入各种新业务，是理想的业务透明网络，是接入网发展的最终方式。

FTTB 的意思是光纤到楼宇，是指在楼内安装交换机，将光纤连接到交换机，但通过交换机连接到用户的是双绞线而不是光纤，双绞线可以直接连接计算机或路由器的 WAN 接口。FTTB 是一种基于优化高速光纤局域网技术的宽带接入方式，采用光纤到楼、网线到户的方式实现用户的宽带接入，从而成为 FTTB+LAN 的宽带接入网。对于早期没有光纤布放的楼宇，这是最合理、最实用、最经济有效的宽带接入方法之一。使用 FTTB 不需要拨号，用户只要开机即可接入 Internet，可以认为采用的是专线接入。FTTB 对硬件要求和普通局域网的要求是一样的，只需要配置以太网卡，所以对用户来说硬件投资非常少。

　　FTTC 的意思是光纤到路边，ONU 放在配线点（Demarcation Point，DP）或灵活点（Flexible Point，FP）处，ONU 到各用户之间的部分仍为双绞线或同轴电缆。采用光纤到路边、铜线到户的方式实现用户的宽带接入，称为 FTTC+xDSL 的宽带接入网，这是适合小区缺乏网线入户的情况下的最合理、最实用、最经济有效的宽带接入方法之一。使用 FTTC 时，实际用户仍旧采用 xDSL 接入，因此与 xDSL 一样需要拨号，家里需要配置 xDSL 的"猫"。在 FTTC 中一般采用小型 DSLAM 设备作为最终接入，布放在电话分线盒位置上，一般覆盖 24～96 个用户。FTTC 与 FTTB 的概念类似，我国的运营商一般也称 FTTC 为 FTTB+xDSL 接入模式。

　　FTTN 的意思是光纤到节点，是指光纤延伸到电缆交接箱所在处，然后采用 xDSL 技术覆盖到最终用户的宽带接入技术。它与 FTTC 比较类似，主要区别在光纤终节点位置及覆盖的最终用户数。对于 FTTN，光纤在电缆交接箱处终结，因此一般覆盖 200～300 个用户。它的主要特点是不需要重建接入环路和分配网络。因此比较适合用户较分散、较稀疏的农村。

　　FTTO 的意思是光纤到办公室，是光纤延伸到办公室的宽带接入技术。FTTO 是 FTTH 的一个变种，即 FTTH 针对的是家庭用户，而 FTTO 针对的是小型企业，采用的都是相同的技术。但一般 FTTO 中使用的 ONU 不同于家庭用户的 ONU，除了提供以太网接口用于宽带上网以外，还提供其他多种类型的接口。

习题

1. 简述光纤通信的特点。
2. 画出光纤通信系统的基本组成架构。
3. 简要画出光纤和光缆结构。
4. 光纤中的色散分为哪几类？
5. T-MPLS 网络分为哪 3 个层面？
6. 无源光接入网的优势具体体现在哪些方面？
7. 简述 PON 的几种应用场景。

05 第 5 章　移动通信技术

移动通信技术从 20 世纪 80 年代开始出现并得到迅猛发展，已经发展成为当前最重要、与人们日常生活关系最密切的通信技术之一。本章首先从移动通信的发展开始，介绍移动通信技术从 1G 到 5G 的发展史和各代的技术特点；接着介绍移动通信涉及的基础知识和基本技术；最后重点介绍 4G 系统的网络架构、主要网元功能等知识和 5G 系统的相关基础知识。

5.1　移动通信网络的演进

移动通信技术在近 40 年来得到迅速发展，已成为当今通信技术中发展最快，与人们生活最贴近的通信技术之一。从第一代移动通信技术（1G）的出现，到第四代移动通信技术（4G）的普及，伴随着人们对移动业务需求的不断增加和变化，人们彻底摆脱了固定终端设备的束缚，实现了全新的、完整的、可靠的个人移动性传输手段和接续方式。移动通信技术的进步改变了人们的生活方式，逐渐演变成为当今社会发展和进步必不可少的重要工具。当前正在大力发展的 5G，正以前所未有的速度改变着世界。它不仅是一种通信手段，也是一种新的生态，将极大地改变人类社会。

5.1.1　第一代移动通信技术

1G，是第一代移动通信技术的简称，是利用模拟信号传递语音业务的通信系统。第一代移动通信系统的发展大体经历了两个阶段，第一个阶段是 20 世纪 40 年代中期到 70 年代中期，开始于公用汽车电话业务，采用大区制，可以实现人工交换与公众电话网的接续。到 20 世纪 60 年代中期，已经可以进行自动交换与公众电话网的接续，随着用户量的不断增加和频率合成器的出现，导致信道间隔缩小，信道数目增加，造成通信质量下降，当时所用的大区制不能很好地解决这一问题。为了解决这个问题，贝尔实验室在 1974 年提出了蜂窝网的概念。蜂窝网（小区制）实现了频率复用，大大提高了系统容量。这一概念的提出也奠定了现代移动通信的基础。第二个阶段是 20 世纪 80 年代初期问世的占用频段为 800MHz/900MHz、采用蜂窝式组网的模拟移动通信系统，主要特点是采用频分复用，语音信号为模拟调制，每隔 30kHz/25kHz 就有一个模拟用户信道。

第一代移动通信系统能实现的主要功能是进行语音通话，这一系统在商业上取得了巨大的成功，但是其弊端也日渐显露出来。例如频谱利用率低，容量有限；制式太多，各个系统间没有公共接口，导致互不兼容、不能漫游，从而限制了用户覆盖面；提供的业务种类很有限，不能传送数据信息；信息容易被窃听；不能与综合业务数字网兼容等。

第一代移动通信系统的典型代表有美国的 AMPS 系统和英国的全接入通信系统（Total Access Communication System，TACS），以及北欧移动电话（Nordic Mobile Telephony，NMT）和日本电信电话（Nippon Telegraph and Telephone，NTT）等。AMPS 使用模拟蜂窝传输的 800MHz 频带，在北美、南美和部分环太平洋国家被广泛使用，也是最成功的第一代移动通信系统。TACS 使用 900MHz 频带，分 ETACS（欧洲）和 NTACS（日本）两种版本，英国、日本和部分亚洲国家广泛使用此标准。NMT 使用 450 MHz 和 900 MHz 频带，在 20 世纪 80 年代初被瑞典、挪威和丹麦的电信管理部门确立为普通模拟移动电话北欧标准。NTT 是日本的模拟蜂窝系统标准。

1987 年 11 月，我国第一个 TACS 模拟蜂窝移动电话系统在广东省建成并投入商用，广州开通了我国第一个移动电话局，首批用户有 700 个。虽然用户数量比较少，而且高昂的入网费和使用费也不能普及大众群体，但是随着这一系统的引进，我国正式开启了移动通信产业发展的序幕。

5.1.2 第二代移动通信技术

2G，是第二代移动通信技术的简称，它替代第一代移动通信技术完成了模拟技术向数字技术的转变。从 20 世纪 80 年代中期开始，欧洲首先推出了泛欧数字移动通信网体系。随后，美国和日本也制订了各自的数字移动通信体系。数字移动通信网相对于模拟移动通信，提高了频谱利用率，支持多种业务服务，并与 ISDN 等兼容。第二代移动通信系统以传输语音和低速数据业务为目的，因此又被称为窄带数字通信系统。2G 使用的主要技术包括 TDMA 和 CDMA 两种，其主要的系统标准如下。

GSM：基于 TDMA 所发展，源于欧洲，已实现全球化，也是全球覆盖范围最广的第二代移动通信系统。

IS-95 CDMA（也叫作 cdmaOne）：基于 CDMA 所发展，是美国最早期的 CDMA 系统，用于美洲和亚洲一些国家。

IDEN（Integrated Digital Enhanced Network，集成数字增强型网络）：基于 TDMA 所发展，是美国独有的系统，被美国电信系统商使用。

D-AMPS（也叫作 IS-136）：基于 TDMA 而发展，是美国最早期的 TDMA 系统，用于美洲。

PDC（Personal Digital Cellular，个人数字蜂窝）：基于 TDMA 所发展，仅在日本普及。

下面重点介绍全球部署范围最广的 GSM 和 IS-95 CDMA 两种第二代移动通信系统。

1. GSM

GSM 是由欧洲主要电信运营者和制造厂家组成的标准化委员会设计出来的，它在蜂窝系统的基础上发展而成。1991 年在欧洲开通了第一个系统，同时 MoU 组织（一个由运营商参加的民间组织）为该系统设计和注册了市场商标，将 GSM 更名为"全球移动通信系统"（Global System for Mobile Communications）。从此移动通信的发展跨入了第二代数字移动通信系统。

GSM 的主要技术特点如下。

（1）频谱效率较高：由于采用了高效调制器、信道编码、交织、均衡和语音编码技术，系统具有高频谱效率。

（2）容量较高：由于每个信道传输带宽增加，使同频复用载干比要求降低至 9dB，故 GSM 的同频复用模式可以缩小到 4/12 或 3/9 甚至更小（模拟系统为 7/21）；加上半速率语音编码的引入和自动话务分配以减少越区切换的次数，使 GSM 的容量效率（每兆赫兹每小区的信道数）比 TACS 系统高 3～5 倍。

（3）语音质量好：鉴于数字传输技术的特点以及 GSM 规范中有关空中接口和语音编码的定义，在门限值以上时，语音质量总是达到相同的水平而与无线传输质量无关。

（4）具备开放的接口：GSM 标准所提供的开放性接口，不仅限于空中接口，而且包括网络中各个设备之间的接口，例如 A 接口和 Abis 接口。

（5）极高的安全性：通过鉴权、加密和临时移动用户标识（Temporary Mobile Subscriber Identity，TMSI）号码的使用，保障安全。鉴权用于验证用户的入网权利。加密用于空中接口，由 SIM 卡和网络 AUC 的密钥决定。TMSI 是一个由业务网络给终端指定的临时识别号，供用户在漫游地的网络中使用，以防止用户的真正号码被截获。

（6）能与 ISDN、PSTN 等系统进行互连。

（7）能在 SIM 卡基础上实现漫游：漫游是移动通信的重要特征，它标志着用户可以从一个网络自动进入另一个网络。

（8）支持数据业务：引入分组域交换技术 GPRS（General Packet Radio Service，通用无线分组业务）从而实现低速率的数据传输，成为 GSM 的延伸。

2. IS-95 CDMA 系统

IS-95 CDMA 系统是由美国高通公司设计并于 1995 年投入运营的窄带 CDMA 系统，美国通信工业协会基于该窄带 CDMA 系统颁布了 IS-95 CDMA 标准系统。它与 GSM 都是第二代移动通信的主要系统。IS-95 标准全称是"双模式宽带扩频蜂窝系统的移动台-基站兼容标准"，IS-95 标准提出了"双模系统"。该系统可以兼容模拟和数字操作，从而易于实现模拟蜂窝系统和数字系统之间的转换。

该系统的技术优势如下。

（1）系统容量大。理论上，在使用相同频率资源的情况下，CDMA 移动网比模拟网容量大 20 倍，实际使用中比模拟网大 10 倍，比 GSM 要大 4～5 倍。

（2）系统容量的配置灵活。在 CDMA 系统中，用户数的增加相当于背景噪声的增加，造成语音质量下降。但对用户数并无限制，操作者可在容量和语音质量之间折中考虑。

（3）多小区之间可根据话务量和干扰情况自动均衡。

（4）通话质量更佳。通常 GSM 的信道结构不能支持 8kbit/s 以上的语音编码器，而 CDMA 的结构可以支持 13kbit/s 的语音编码器，因此可以提供更好的通话质量。CDMA 系统的声码器可以动态地调整数据传输速率，并根据适当的门限值选择不同的电平级发射。同时门限值根据背景噪声的改变而改变，这样即使在背景噪声较大的情况下，也可以得到较好的通话质量。另外，GSM 采用一种"先断开再连接"的硬切换技术，用户可以明显地感觉到通话的间断，在用户密集、基站密集的城市中，这种间断就尤为明显，因为在这样的地区每分钟会发生 2～4 次切换的情形。而 CDMA 系统"掉话"的现象明显减少，由于 CDMA 系统采用软切换技术，即"先连接再断开"，因此完全克服了硬切换容易掉话的缺点。

（5）频率规划简单。用户按不同的序列码区分，所以不同 CDMA 载波可在相邻的小区内使用，网络规划灵活，扩展简单。

（6）建网成本低。CDMA 技术通过在每个蜂窝的每个部分使用相同的频率，简化了整个系统的规划，在不减少话务量的情况下减少了所需站点的数量，从而降低了部署和操作成本。CDMA 网络覆盖范围大，系统容量高，所需基站少，降低了建网成本。

　　第二代移动通信技术在很大程度上解决了第一代移动通信系统容量小、覆盖面小、业务种类少、制式太多又不兼容、无法漫游等问题，但还是延续了第一代移动通信系统的不少旧问题，如没有统一的国际标准、频谱利用率较低、不能满足移动通信容量的巨大要求、不能经济地提供高速数据和多媒体业务、不能有效支持 Internet 业务等。

　　我国在建设 2G 网络初期，在北美的 DAMPS、日本的 PDC 和欧洲的 GSM 之间进行比较，最终选择了 GSM 作为我国第二代移动通信的技术标准。1992 年经邮电部批准在嘉兴地区建立了 GSM 的试验网，并在 1993 年正式进入了商业运营阶段。随后，市场的迅猛发展也证实了 GSM 的许多技术优势，因此 1994 年成立的中国联通也选择了 GSM 技术来建网。而中国联通并没有止步于 GSM 网络建设，在随后的 2000 年 2 月，中国联通以运营商的身份与美国高通公司签署了 CDMA 知识产权框架协议，为中国联通 CDMA 的建设铺设了道路，并于同年宣布启动窄带 CDMA 的建设。到 2002 年 10 月，CDMA 网络全国用户达到 400 万，所以在 2G 时代中国联通同时建设了 GSM 及 CDMA 两个网络。同时我国大唐、中兴、华为等通信设备供应商在技术上也取得了群体突破。在网络建设上，我国还逐步建立了移动智能网，以 GPRS 和 CDMA 1x 为代表的 2.5G 技术分别在 2002 年和 2003 年也正式投入商用。

5.1.3　第三代移动通信技术

　　3G 是第三代移动通信技术的简称，也被称为 IMT-2000。它是一种真正意义上的宽带移动多媒体通信系统，它能提供高质量的宽带多媒体综合业务，并且实现全球漫游。它的数据传输速率高达 2Mbit/s，其容量是第二代移动通信技术的 2～5 倍，最具代表性的第三代移动通信技术有美国提出的 CDMA2000、欧洲和日本提出的 WCDMA 以及我国提出的 TD-SCDMA（Time Division-Synchronous Code Division Multiple Access，时分同步码分多址）。

1. CDMA2000

　　CDMA2000 由美国提出，是由 IS-95 系统演进而来的，并向下兼容 IS-95 系统。IS-95 系统是世界上最早的 CDMA 移动系统。CDMA2000 系统继承了 IS-95 系统在组网、系统优化方面的经验，并进一步对业务速率进行了扩展，同时通过引入一些先进的无线技术，进一步提升系统容量。在核心网方面，它继续使用 IS-95 系统的核心网作为其电路域来处理电路型业务，如语音业务和电路型数据业务，同时在系统中增加分组设备来处理分组数据业务。因此在建设 CDMA2000 系统时，原有的 IS-95 网络设备可以继续使用，只要新增加分组设备即可。在基站方面，由于 IS-95 与 1X 的兼容性，可以做到仅更新信道板并将系统升级为 CDMA2000-1X（CDMA1X 是 CDMA2000 中的无线信道的名称）基

站。在我国，中国联通在其最初的 CDMA 网络建设中就采用了这种升级方案，而后在
2008 年我国电信行业重组时，中国电信收购了中国联通的整个 CDMA2000 网络。

2．WCDMA

历史上，欧洲电信标准化协会在 GSM 之后就开始研究其 3G 标准，其中有几种
备选方案是基于直接序列扩频码分多址的，而日本的第三代研究也是使用 WCDMA 技
术的。其后，以 ETSI 和日本的技术方案为主导进行融合，在 3GPP 组织中发展成了第
三代移动通信系统通用移动通信系统（Universal Mobile Telecommunications System，
UMTS），并提交给 ITU。ITU 最终接受 WCDMA 作为 IMT-2000 3G 标准的一部分。
WCDMA 是世界范围内商用最多、技术发展最为成熟的 3G 制式。在我国，中国联通在
2008 年电信行业重组之后，开始建设其 WCDMA 网络，并很快建成了一张覆盖全国的
高质量网络。

WCDMA 的关键技术包括射频和基带处理技术，具体是射频、中频数字化处理，
RAKE 接收机、信道编解码、功率控制等关键技术和多用户检测、智能天线等增强技术。

3．TD–SCDMA

TD-SCDMA 是我国提出的第三代移动通信标准，也是 ITU 批准的 3 个 3G 标准中的
一个，是我国电信史上重要的里程碑。相对于另外两个主要 3G 标准，它起步较晚，技
术不够成熟。

TD-SCDMA 的发展过程始于 1998 年初，在当时的邮电部科技司的直接领导下，
由原电信科学技术研究院组织队伍在 SCDMA 技术的基础上，研究和起草符合
IMT-2000 要求的我国的 TD-SCDMA 建议草案。该草案以智能天线、同步码分多址、
接力切换、时分双工为主要特点，于 1998 年 6 月提交到 ITU，从而成为 IMT-2000 的
15 个候选方案之一。ITU 综合了各评估组的评估结果。在 1999 年 11 月赫尔辛基
ITU-RTG8/1 第 18 次会议上和 2000 年 5 月伊斯坦布尔的 ITU-R 全会上，TD-SCDMA
被正式接纳为 CDMA-TDD 制式的方案之一。

但是由于 TD-SCDMA 起步比较晚，技术发展成熟度不及其他两大标准，同时由于
市场前景不明朗导致相关产业链发展滞后，最终导致了 TD-SCDMA 虽然成为 3G 三大标
准之一，但除了由中国移动进行商用之外，并没有其他的商用市场。

5.1.4　第四代移动通信技术

4G 是第四代移动通信技术的简称。从核心技术来看，通常所称的 3G 技术主要采
用 CDMA 技术，而业界对 4G 技术的界定则主要是指采用 OFDM 调制技术的 OFDMA

技术，可见 3G 和 4G 技术最大的区别在于采用的核心技术是完全不同的。因此从这个角度来看，长期演进（Long Term Evolution，LTE）、全球微波接入（World Interoperability for Microwave Access，WiMAX）及其后续演进技术 LTE-Advanced 和 802.16m 等技术均可以视为 4G。不过从标准的角度来看，ITU 对 IMT-2000（3G）系列标准和 IMT-Advanced（4G）系列标准的区别并不以核心技术为参考，而是通过能否满足一定的技术要求来区分。ITU 在 IMT-2000 标准中要求，3G 技术必须满足传输速率在移动状态 144kbit/s、步行状态 384kbit/s、室内 2Mbit/s，而 ITU 制定的 IMT-Advanced 标准要求在使用 100M 信道带宽时，频谱利用率达到每赫兹为 15bit/s，理论传输速率达到 1.5Gbit/s。LTE、WiMAX（802.16e）均未达到 IMT-Advanced 标准的要求，因此仍隶属于 IMT-2000 系列标准，而 LTE-Advanced 和 802.16m 标准则才是真正意义上的符合 4G 技术要求的技术标准。

在 2008 年 2 月份，ITU-R 正式发出了征集 IMT-Advanced 候选技术的通函。经过两年的准备时间，ITU-R 在其第 6 次会议上（2009 年 10 月）共征集到 6 种候选技术方案，分别来自 2 个国际标准化组织和 3 个国家。这 6 种技术方案可以分成两类：基于 3GPP 的技术方案和基于 IEEE 的技术方案。

（1）基于 3GPP 的技术方案 "LTE Release 10 & beyond（LTE-Advanced）"。该方案包括频分双工（Frequency Division Duplex，FDD）和时分双工（Time Division Duplex，TDD）两种模式。由于 3GPP 不是 ITU 的成员，该技术方案由 3GPP 所属 37 个成员单位联合提交，包括我国三大运营商和 4 个主要厂商。3GPP 所属标准化组织（中国、美国、欧洲、韩国和日本）以文稿的形式表态支持该技术方案。最终该技术方案由中国、3GPP 和日本分别向 ITU 提交。

（2）基于 IEEE 的技术方案 "802.16m"。该方案同样包括 FDD 和 TDD 两种模式。BT（英国电信）、KDDI（日本的运营商）、Sprint（美国的运营商）、诺基亚、阿尔卡特朗讯等 51 家企业、日本标准化组织和韩国以文稿的形式表态支持该技术方案，我国企业没有参加。最终该技术方案由 IEEE、韩国和日本分别向 ITU 提交。

经过 14 个外部评估组织对各候选技术的全面评估，最终得出的两种候选技术方案完全满足 IMT-Advanced 技术需求。2010 年的 ITU-R 会议上，LTE-Advanced 技术和 802.16m 技术被确定为最终 IMT-Advanced 阶段国际无线通信标准。我国主导研发的 TD-LTE-Advanced 技术通过了所有国际评估组织的评估，被确定为 IMT-Advanced 国际无线通信标准。

4G 技术包括 LTE-TDD 和 LTE-FDD 两种制式。严格来讲，LTE 只是 3.9G，尽管被宣传为 4G 无线标准，但它其实并未被 3GPP 认可为 ITU 描述的下一代无线通信标准，因此其还未达到 4G 的标准。只有升级版的 LTE-Advanced 才满足 ITU 对 4G 的要求。

4G 网络从 2012 年左右在世界范围内开始大规模建设，很快在世界范围内得到了普及。在我国，三大运营商从 2013 年开始建设，很快建成了覆盖全国的 4G 网络。随着 4G 网络的完善，高速移动上网真正成为可能，各种业务如移动支付、移动社交、视频直播、手机游戏等迅速涌现并成为人们生活中不可或缺的部分。

5.1.5　第五代移动通信技术

5G，即第五代移动通信技术的简称，是 4G 之后的延伸。一般认为，5G 网络应具备以下特征：峰值网络速率达到 10Gbit/s、网络传输速度比 4G 快 10～100 倍、网络时延从 4G 的 50ms 缩短到 1ms、满足 1000 亿量级的网络连接、整个移动网络的每比特能耗降低到 4G 时的 1/1000。

作为下一代蜂窝网络，5G 网络以 5G NR（New Radio，新无线）统一空中接口和服务化架构（Service-based Architecture，SBA）的核心网为基础，为满足未来 10 年及以后不断扩展的全球连接需求而设计。5G NR 技术旨在支持各种设备类型、服务和部署，并将充分利用各种可用频段和各类频谱。

5G 在很大程度上以 4G LTE 为基础，充分利用和创新现有的先进技术。5G NR 包括基于 OFDM 优化的波形和多址接入、非正交波形和多址接入技术、大规模多输入多输出（Multiple Input Multiple Output，MIMO）技术、同时同频全双工技术、毫米波技术、异构组网技术、软件定义网络（Software Defined Network，SDN）、网络功能虚拟化（Network Functions Virtualization，NFV）技术、边缘计算技术、云计算技术等。

可以预计，5G 网络的高速率、大容量、低时延、高可靠，将极大地改变我们的生活，真正实现万物互连，在物联网、自动驾驶、远程医疗、人工智能等领域有着广阔的应用前景。

我国的三大运营商在 5G 部署上都有着各自的节奏，中国移动保持了其在 4G 时代的抢先动作。不过总体来看，在国家大力推动 5G 发展的政策背景下，三大运营商在走向 5G 商用道路上的大体时间线相对较一致，都是在 2019 年预商用，2020 年正式商用。

5.2　无线传播特性

移动通信系统中，无线接入网是最接近用户的部分，直接影响着用户的体验。但是由于无线传输的介质是电磁波，因此电磁波的传播特性决定了无线传输的性能。

电磁波传播的机理是多种多样的，但总体上可以归结为反射、绕射和散射。当无线系统运作在城区，发射机和接收机之间一般不存在直接视距路径，且存在高层建筑，因此产生了绕射损耗。此外由于不同物体的多路径反射，经过不同长度路径的电磁波相互作用产生了多径损耗，同时随着发射机和接收机之间距离的不断增加会引起电磁强度的衰减。移动通信系统中无线电波传播所面临的问题主要包括波导效应、多径效应、阴影效应、多普勒效应等。在移动通信系统中，采用了多种技术来克服这几种效应带来的影响。

5.2.1　波导效应

波长越短的无线电波，当遇到物体时，在其表面发生镜面反射的概率也越大。当信号在两侧是规则楼房的街道中传播时，便是以反射方式进行，我们称之为"波导效应"。

波导效应（隧道效应）主要由建筑、峡谷等引起，如两旁建筑整齐的街道、隧道、较长的走廊、岩石峡谷等都会引起波导效应。此时信号传播与在波导内传播相似，沿波导方向损耗小，信号就强，其他方向损耗大，信号强度就弱。波导效应容易导致越区覆盖和导频污染，在井形街道会导致频繁切换、掉话等。

波导效应在城市环境中存在，城市街道两旁有高大的建筑物，使得沿传播方向的街道上信号增强，垂直于传播方向的街道上信号减弱，两者相差达 10dB 以上。这种现象意味着离基站距离越远，信号减弱程度就越小，隧道覆盖也会存在波导效应，波导效应衰落较快。

5.2.2　多径效应

在实际的电波传播信道中，存在许多时延不同的传输路径，使得传输的各分量到达接收端的时间不同。各个分量按各自相位相互叠加，就会造成干扰，使得原来的信号失真。多径效应是移动通信电波传播最具特色的现象，也称为多径衰落或多径干扰。

通常信号从端到端的传播路径可以是直射、反射或是绕射等，不同路径的相同信号在接收端由于相位不同，叠加就会增大或减小信号的能量。多径效应不仅是衰落的经常性成因，而且是限制传输带宽或传输速率的根本因素之一。

如果各条路径传输时延差别不大，而传输波形的频谱较窄（数字信号传输速率较低），则信道对信号传输频带内各频率分量强度和相位的影响基本相同。此时，接收点的合成信号只有强度的随机变化，而波形失真很小。这种衰落称为一致性衰落，或称平坦型衰落。

如果发送端发射一个余弦波，接收端接收到的一致性衰落信号是一个具有随机振幅和随机相位的调幅调相波，从频域来看，由单一频率变成了一个窄带频谱，这称为频率弥散。可见衰落信号实际上成为一个窄带随机过程，它的包络的一维统计特性服从瑞利分布，所以通常又称为瑞利衰落。

如果各条路径传输时延差别较大，传输波形的频谱较宽（或数字信号传输速率较高），则信道对传输信号中不同频率分量强度和相位的影响各不相同。此时，接收点合成信号不仅强度不稳定而且产生波形失真，数字信号在时间上有所展宽，这就可能干扰前后码元的波形重叠，出现码间（符号间）干扰。这种衰落称为频率选择性衰落，有时也简称选择性衰落。

克服多径衰落的技术主要包括分集技术、信号设计、自适应均衡技术等。

1. 分集技术

比较有效的抗多径衰落的技术是分集接收，就是在接收端分散接收几个衰落情况不同（相互统计独立）的信号，再以一定的方式将它们合并集中，使总接收信号的信噪比得到改善，衰落的影响减小。这是一种历史较久、应用较广的克服衰落的有效方法。可用的分集方式有：空间分集、频率分集、极化分集、时间分集等。LTE 和 5G 中广泛采用的 MIMO 多天线技术就是分集技术。

2. 信号设计

所谓信号设计就是针对信道的情况，设计具有较强抗衰落能力的信号，并在发送端/接收端采用相应的调制和检测技术，例如跳频扩频、交织编码、LTE 中采用的 OFDM 技术等。

3. 自适应均衡技术

均衡是指对信道特性的均衡，即接收端的均衡器产生与信道相反的特性，用来抵消信道的时变多径传播特性引起的码间干扰。换句话说，通过均衡器消除信道的频率和时间的选择性。由于信道是时变的，要求均衡器的特性能够自动适应信道的变化而均衡，故称自适应均衡。均衡是用于解决符号间干扰问题的，适用于信号不可多径分离的条件下，且时延扩展远大于符号宽度的情况。它可分为频域均衡和时域均衡。

5.2.3　阴影效应

在移动终端运动的情况下，由于大型建筑物和其他物体对电波的传输路径的阻挡而在传播接收区域上形成半盲区，从而形成电磁场阴影，这种随位置的不断变化而引起的接收点场强中值的起伏变化称为阴影效应。如果无线电波在传播路径中遇到起伏的地形、建筑物和高大的树木等障碍物，就会在障碍物的后面形成电波的阴影。接收机在移动过程中通过不同的障碍物和阴影区时，接收天线接收的信号强度会发生变化，造成信号的衰落。

5.2.4 多普勒效应

1842 年，奥地利数学家、物理学家多普勒（Doppler）发现了这个后来用他的名字命名的现象。一天，他正路过铁路道口，恰逢一列火车从他身旁驰过，他发现火车从远而近时汽笛声变响，音调变高，而火车从近而远时汽笛声变弱，音调变低。他对这个物理现象感到极大兴趣，并进行了研究。最终发现这是由于振源与观察者之间存在着相对运动，使观察者听到的声音频率不同于振源频率，这就是频移现象。因此，当声源相对于观察者在运动时，观察者所听到的声音会发生变化。当声源远离观察者时，声波的频率变低，音调变得低沉；当声源接近观察者时，声波的频率变高，音调就变高。音调的变化同声源与观察者间的相对速度和声速的比值有关，这一比值越大，改变就越显著，后人把这种现象称为"多普勒效应"。

多普勒效应不仅仅适用于声波，也适用于所有类型的波，包括电磁波。在移动通信中，当移动台移向基站时，频率变高；当移动台远离基站时，频率变低。这样就产生了频率偏移，所以我们在移动通信中要充分考虑多普勒效应。当然，由于日常生活中我们移动速度的局限，一般不会带来十分大的频率偏移，而在高速移动的交通工具上，终端的移动速度可以达到每小时几百千米，多普勒效应就会非常明显。为了避免这种影响造成通信中的问题，就必须在技术上加以各种考虑，这也加大了移动通信系统的复杂性。

对于较低频段的 GSM，可以采用增加保护带宽的方法，克服多普勒频移引起的误码率问题。对于目前使用较高频段的 LTE 系统，目前解决多普勒效应的技术主要是分集复用技术。

5.3 移动通信基本技术

移动通信系统中所使用的技术，许多是通信系统的基本技术，它们都是随着各种通信系统和技术的发展而逐步发展起来的，例如多址技术、双工技术、数字调制技术等，它们并不是移动通信系统特有的。我们在介绍这些技术时，除了介绍它们的一般特点，还会重点介绍它们在移动通信系统中的应用。

5.3.1 多址技术

在无线通信环境的电波覆盖区内，如何建立多个用户与系统之间的无线信道的连接，是多址接入方式需要解决的问题。因为无线通信具有大面积无线电波覆盖和广播信道的特点，网内一个用户发射的信号其他用户均可接收，所以网内用户如何能从播发的信号中识别出发送给本用户地址的信号就成为建立连接的首要问题。也就是说，在移动通信中，许多用户同时通话，以不同的移动信道分隔，防止相互干扰的技术方式称为多址技术。

当以传输信号的载波频率的不同划分来建立多址接入时，称为 FDMA；当以传输信号存在的时间不同划分来建立多址接入时，称为 TDMA；当以传输信号的码型不同划分来建立多址接入时，称为 CDMA；当以传输信号在不同的空间进行区分时，称为 SDMA。

1. FDMA

在 FDMA 系统中，把可以使用的总频段划分为若干占用较小带宽的频道。这些频道在频域上互不重叠，每个频道就是一个通信信道，分配给一个用户。在接收设备中使用带通滤波器允许指定频道里的能量通过，但滤除其他频率的信号，从而限制临近信道之间的相互干扰。FDMA 系统的基站必须同时发射和接收多个不同频率的信号，任意两个移动用户进行通信都必须经过基站的中转，因而必须占用 4 个频道才能实现双工通信。不过，移动台在通信时所占用的频道并不是固定指配的。它通常是在通信建立阶段由系统控制中心临时分配的，通信结束后，移动台将退出它占用的频道，这些频道又可以重新分配给别的用户使用。

这种方式的特点是技术成熟，易与模拟系统兼容，对信号功率控制要求不严格。但是在系统设计中需要周密的频率规划，基站需要多部不同载波频率发射机同时工作，设备多且容易产生信道间的互调干扰。1G 系统是典型的 FDMA 系统。

FDMA 技术经过不断发展，目前使用最多的是 LTE 和 5G 系统的 OFDMA。它的每一个频带称为子载波，在频域上互相正交，不需要设置频率保护间隔，大大提高了频谱利用率。OFDMA 另一个主要优点是便于使用数字信号处理技术，如 FFT（Fast Fourier Transform，快速傅里叶变换）和傅里叶逆变换来实现。

2. TDMA

在 TDMA 系统中，把时间分成周期性的帧，无论帧或时隙都是互不重叠的，每一帧再分割成若干时隙，每一个时隙可以作为一个通信信道，分配给不同的用户。然后根据一定的时隙分配原则，各个终端在每帧内只能按指定的时隙向基站发射信号，满足定时和同步的条件下，基站可以在各时隙中接收到各终端的信号而互不干扰。同时，基站发向各个终端的信号都按顺序安排在预定的时隙中传输,各终端只要在指定的时隙内接收，就能在合路的信号中把发给它的信号区分出来。GSM 是典型的 TDMA 系统，它的每个载波分成 8 个时隙，供多个用户使用。LTE 与 5G 在采用 FDMA 的同时，也采用 TDMA，即多个用户在频域和时域两种资源上同时复用。

TDMA 系统和 FDMA 系统相比较，有如下的特点。

（1）基站只需要一部发射机，可以避免像 FDMA 系统那样因多部不同频率的发射机同时工作而产生的互调干扰。

（2）频率规划简单。TDMA 系统不存在频率分配问题，对时隙的管理和分配通常要比对频率的管理与分配容易而经济，便于动态分配信道。

（3）移动台只在指定的时隙中接收基站发给它的信号，因而在一帧的其他时隙中，可以测量其他基站发射的信号强度，或检测网络系统发射的广播信息和控制信息，这对于加强通信网络的控制功能和保证移动台的越区切换都是有利的。

（4）TDMA 系统设备必须有精确的定时和同步，保证各移动台发送的信号不会在基站重叠或混淆,并且能准确地在指定的时隙中接收基站发给它的信号。同步技术是 TDMA 系统正常工作的重要保证，往往也是比较复杂的技术难题。

3. CDMA

在 CDMA 系统中，不同用户传输信息所用的信号不是靠频率不同或时隙不同来区分，而是用各自不同的编码序列来区分，或者说，靠信号的波形不同来区分。如果从频域或时域来观察，多个 CDMA 信号是互相重叠的。接收机的相关器可以在多个 CDMA 信号中选出使用的预定码型的信号。其他使用不同码型的信号因为和接收机本地产生的码型不同而不能被解调。它们的存在类似在信道中引入了噪声或干扰，通常称之为多址干扰。

在 CDMA 蜂窝移动通信系统中，为了实现双工通信，正向传输和反向传输各使用一个频率，即通常所谓的频分双工。无论正向传输或反向传输，除传输业务信息外，还必须传送相应的控制信息。为了传送不同的信息，需要设置相应的信道。但是，CDMA 通信系统既不分频道又不分时隙，无论传送何种信息的信道都靠采用不同的码型来区分。类似的信道属于逻辑信道。这些逻辑信道无论从频域或者时域来看都是相互重叠的，或者说它们均占用相同的频段和时间。

CDMA 蜂窝移动通信系统与 FDMA 模拟蜂窝移动通信系统或 TDMA 数字蜂窝移动通信系统相比，具有更大的系统容量、更高的语音质量以及抗干扰、保密等优点，是第三代数字蜂窝移动通信系统的首选方案。

4. SDMA

SDMA 是指让同一个频段在不同的空间内得到重复利用。在移动通信中，其基本技术就是采用自适应阵列天线实现空间分割，在不同的用户方向上形成不同的波束。用空间的分割来区别不同的用户，就称为 SDMA 技术。SDMA 系统的每个波束可提供一个无其他用户干扰的唯一信道。在 TD-SCDMA 以及 LTE、5G 系统中，就应用了 SDMA 技术。

SDMA 是在无须增加载频资源、无须修改用户终端、无须调整网络规划、无须改变空口技术的情况下，利用智能天线的空间隔离或室内小区多通道间的楼层隔离来实现码道复用，达到大幅度提高频谱利用率和系统数据吞吐量的效果。在 SDMA 系统中，多个终端同时使用相同的时频资源块进行传输，其中每个终端都是采用一根发射天线，系统侧接收机对多用户混合接收信号进行联合检测，最后恢复出各个用户的原始发射信号。SDMA 是大幅提高 LTE 系统频谱效率的一个重要手段，但是无法提高单用户峰值吞吐量。

5.3.2 双工技术

在移动通信系统中，系统（基站）到用户终端的传输方向称为下行，用户终端到系统的传输方向称为上行。毫无疑问，移动通信系统是全双工系统，即系统支持上下行数据同时传输。通信系统双工技术分为两种，即以频率分开上下行的 FDD 和以时间分开上下行的 TDD。

1. FDD

FDD 系统需要两个不同的频段或信道，分别用来传送上行和下行的数据。两个信道需要有足够的间距来确保收发不会相互干扰。这样的系统必须对信号进行滤波或屏蔽，才能确保信号发送机不会影响邻近的接收机。

在移动终端中，发射机和接收机在非常近的距离下同时工作。接收机必须尽可能多地过滤发射机发出的信号。频谱分离的情况越好，滤波器效率就越高。

FDD 通常需要更多的频谱资源，一般情况下是 TDD 的两倍。此外，对发送和接收信道必须进行适当的频谱分离。这种所谓的"安全频段"将无法使用，因此带来了浪费。考虑到频谱资源的稀缺性和高昂的成本，这是 FDD 的一大缺点。

例如在 GSM 中，869MHz～894MHz 的 25MHz 带宽频谱被用于下行通信，而 824MHz～849MHz 的 25MHz 带宽频谱被用于上行通信，上下行之间有 45MHz 的保护带宽。

FDD 的另一个缺点在于，很难应用 MIMO 天线技术和波束成形技术。这些技术是当前 4G LTE 网络的核心，能大幅提高数据传输速率。单一天线通常很难有足够带宽去覆盖 FDD 使用的全部频率，这也需要更复杂的动态调整电路。

2. TDD

TDD 系统使用单一频率来进行信号的收发。在一个无线帧中，把一帧的时长进一步分为更短的时间单位，称为"时隙"。通过分配不同的上行时隙和下行时隙，分别进行上行和下行的数据传输。由于数据传输速率很快（时隙非常短，例如 1ms），因此通信双方很难分辨数据传输是间歇性的，从而等同于双工。在 TDD 系统中，上行和下行可以分配相等的时隙数，也可以不等。根据业务需求，在大多数情况下时隙数配置是上下行不对称的，下行配比通常多于上行。例如，在互联网接入的应用中，数据下载量通常远大于上传量，因此可以给数据上传分配较少的时隙。在 4G 移动通信系统中，LTE-TDD 系统支持动态带宽分配，其中的上下行时隙数量可以有多种配比方式。

TDD 的真正优势在于，系统只需单一的一段频率资源，而不像 FDD 总是需要一对频率，既节省了频率资源，又带来频谱分配的灵活性。而 TDD 的主要问题在于，系统在发送机和接收机两端需要非常精确的时间同步，以确保时隙不会重叠，产生相互影响。通常情况下，TDD 系统中的时间是由全球定位系统来实现同步的。在不同时隙之间还需要设置"保护间隔"，以防止时隙重叠。保护间隔通常相当于从发送到接收整个过程的环回时间，以及在整个通信链路上的时延。

5.3.3　数字调制技术

现在的调制技术绝大多数都是数字调制技术，即信息都以二进制电信号的形式呈现。例如语音、图像或视频信息是经模数转换、信源编码、信道编码、交织、加密、时帧形成等过程形成脉冲数据流，而文字信息、控制信息等不需要进行模数转换，本身就是数字信号。这些数字信号频率较低，信号频谱从零频附近开始，具有低通形式，被称为基带数字信号。它们含有丰富的低频成分，不能在无线信道中传输，必须将频谱变为适合信道转输的频谱，才能进行传输，这一过程称为数字调制。

同最基本的调制技术原理一样，数字调制也是用数字基带信号控制载波的 3 个基本参量（幅度、相位、频率），使载波的幅度、相位、频率随基带信号的变化而变化，从而携带基带信号的信息。与 3 个基本参量相对应的 3 种调制方式是基本的数字调制方式，称为幅移键控（Amplitude Shift Keying，ASK）、相移键控（Phase Shift Keying，PSK）和频移键控（Frequency Shift Keying，FSK）。随着技术的进一步发展，在 3 种基本调制方式的基础上，又发展出了正交相移键控（Quadrature Phase Shift Keying，QPSK），正交振幅调制（Quadrature Amplitude Modulation，QAM）等调制技术。这些新的调制技术已经成为移动通信的主流技术，例如在 4G LTE 系统中就使用了这几个调制技术。在移动通信中，这种通过数字调制后获得的信号还是低频信号，仍然被称为基带信号，并不适合天线的发射。一般还会通过频谱搬移技术，将这种低频的信号已调波变成适合天线发射的、在规定频段的高频信号（射频信号），然后才能通过天线发射出去。

1. ASK

ASK 是指用数字调制信号控制载波的通断。例如在二进制 ASK 中，发 0 时不发送载波，发 1 时发送载波。也把代表多个符号的多电平振幅调制称为 ASK。ASK 实现简单，但抗干扰能力差，如图 5-1 所示。

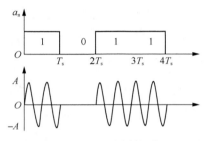

图 5-1　ASK 调制示意

2. FSK

FSK 是指用数字调制信号的正负控制载波的频率。当数字信号的振幅为正时载波频率为 f_1，当数字信号的振幅为负时载波频率为 f_0。有时也把代表两个以上符号的多进制频率调制称为 FSK。FSK 能区分通路，但抗干扰能力不如 PSK 和差分相移键控，如图 5-2 所示。

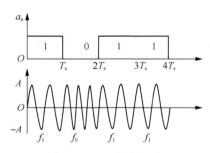

图 5-2　FSK 调制示意

3. PSK

PSK 是指用数字调制信号的正负控制载波的相位。当数字信号的振幅为正时，载波起始相位取 0；当数字信号的振幅为负时，载波起始相位取 180°。有时也把代表两个以上符号的多相制相位调制称为 PSK。PSK 抗干扰能力强，但在解调时需要有一个正确的参考相位，即需要相干解调，如图 5-3 所示。

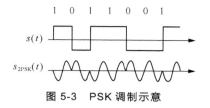

图 5-3　PSK 调制示意

4. QPSK

QPSK 是一种比较先进的数字调制方式，它是利用载波的 4 种不同的相位差（分别为 45°、135°、225°、315°）来表征输入的数据信息。调制器输入的数据是二进制数字序列，为了能和四种载波相位配合起来，需要把二进制数据变换为四进制数据，也就是说需要把二进制数字序列中每 2bit 分成一组，共有四种组合，即 00、01、10、11，其中每一组称为双比特码元。每一个双比特码元由两位二进制信息位组成，它们可以分别用四个符号中的一个符号来代表。因此，QPSK 中每次调制可传输 2 个信息位，这些信息比特是通过载波的四种相位来传递的。解调器根据接收到的载波信号的相位来判断发送端发送的信息位。

这种映射关系还可以用另一种数字调制常用的方式表示，即"星座图"，QPSK 的星座图如图 5-4 所示。

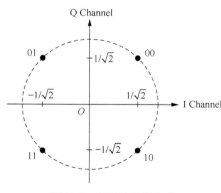

图 5-4　QPSK 的星座图

5. QAM

QAM 是正交振幅调制，实际上其幅度和相位同时变化。QAM 是正交载波调制技术与多电平 ASK 的结合，就是用两个调制信号对频率相同、相位正交的两个载波进行调幅，然后将已调信号加在一起进行传输或发射。常用的 QAM 有 16QAM、64QAM、256QAM，基本原理都是一样的。例如 16QAM，在将 1、0 序列映射成复调制信号时，将每 4 位数据映射成一个复数符号。4 位数据共有 16 种组合，因此，16QAM 包含 16 种符号，每个符号表示 4 位数据。与 QPSK 类似，16QAM 也是将输入位先映射到一个复平面（星座）

上，形成复数调制符号，然后将符号的 I、Q 分量（对应复平面的实部和虚部，也就是水平和垂直方向）采用幅度调制，分别对应调制在相互正交（时域正交）的两个载波（$\cos\omega t$ 和 $\sin\omega t$）上。16QAM 的星座图如图 5-5 所示。

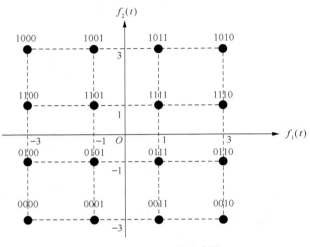

图 5-5　16QAM 的星座图

5.3.4　MIMO 技术

MIMO 技术也被称为多天线技术。它的实质是在传统的时间维度和频域维度的基础上增加空间维度，通过发送端和接收端使用多根天线来实现信号的空间多维并行传输。MIMO 技术在不增加带宽的情况下能有效提高传输效率和频谱利用率，可以解决由频谱资源严重不足而导致的移动通信技术发展瓶颈问题。MIMO 技术可以分为 3 种：空间复用、空间分集和波束赋形。

1. 空间复用

空间复用工作在 MIMO 天线配置下，能够在不增加带宽的条件下，相比单入/单出系统，其可成倍地提升信息传输速率，从而极大地提高频谱利用率。在发射端，高速率的数据流被分割为多个较低速率的子数据流，不同的子数据流在不同的发射天线上的相同频段上发射出去。如果发射端与接收端的天线阵列之间构成的空域子信道足够不同，即能够在时域和频域之外，提供空域的维度，使得在不同发射天线上传送的信号之间能够相互区别，则接收机能够区分出这些并行的子数据流，而不需要付出额外的频率或者时间资源。空间复用技术在高信噪比条件下能够极大地提高信道容量，并且能够在"开环"，即发射端无法获得信道信息的条件下使用。

2. 空间分集

空间分集分为发射分集和接收分集两个系统。其中接收分集是指在空间不同的垂直高度上设置几副天线，同时接收一个信号，然后合成或选择其中一个强信号。它的目的是减小信道衰落，增大覆盖范围。

空间分集的基本原理是接收端天线之间的距离应大于波长的一半，保证接收天线输出信号的衰落特性是相互独立的。也就是说，当某一副接收天线的输出信号幅度很小时，其他接收天线的输出则不一定在这同一时刻也出现幅度小的现象，从相应的合并电路中选出信号幅度较大、信噪比最佳的一路，得到一个总的接收天线输出信号。这样就减少了信道衰落的影响，改善了传输的可靠性。

空间分集接收的优点是分集增益高，缺点是其还需要单独的接收天线。

空间分集还有以下两类变化形式。

（1）极化分集：它利用在同一地点两个极化方向相互正交的天线发出的信号可以呈现不相关的衰落特性进行分集接收，即在收发端天线上安装水平、垂直极化天线，就可以把得到的两路衰落特性不相关的信号进行极化分集。其优点是结构紧凑、节省空间；缺点是由于发射功率要分配到两副天线上，因此有 3dB 的损失。

（2）角度分集：由于地形、地貌、接收环境的不同，使得到达接收端的不同路径信号可能来自不同的方向，这样在接收端可以采用方向性天线，分别指向不同的到达方向。而每副方向性天线接收到的多径信号是不相关的。

3. 波束赋形

波束赋形是一种基于天线阵列的信号预处理技术，波束赋形通过调整天线阵列中每个阵元的加权系数产生具有指向性的波束，从而能够获得明显的阵列增益。因此，波束赋形技术在扩大覆盖范围、改善边缘吞吐量及抑制干扰等方面都有很大的优势。实际系统中应用的波束赋形技术可能具有不同的目标，如侧重链路质量改善、覆盖范围扩展、用户吞吐量提高或者解决多用户问题（如小区吞吐量与干扰消除/避免）等。

5.3.5　编码技术

1. 信源编码

信源编码是将原始信息转换成利于数字通信系统传输的数字信息，目的就是使信源减少冗余，更加有效、经济地传输，常见的应用形式就是压缩。好的信源编码在较高的误码率下，解码输出的信号仍有较高质量，对解调器输入信号的载干比要求较低。

对于语音业务而言，信源编码一般要经过抽样、量化和编码 3 个步骤，不同制式的信源编码如表 5-1 所示。

表 5-1　　　　　　　　　　　　　　不同制式的信源编码

制式	信源编码
GSM	规则脉冲激励长期预测
TD-SCDMA	AMR（Adaptive Multi-Rate，自适应多速率）混合编码
CDMA2000 1X	码激励线性预测编码
WCDMA	AMR 声码器
LTE	AMR-NB（Adaptive Multi-Rate Narrow Band，自适应多速率窄带）语音编码/AMR-WB（Adaptive Multi-Rate Wide Band，自适应多速率宽带）编码
5G	EVS（Enhance Voice Services，增强语音服务）

2．信道编码

信道编码的目的是抗干扰。其原理是在发送端对原数据添加冗余信息，这些冗余信息是和原数据相关的，在接收端根据这种相关性可以来检测和纠正传输过程产生的差错。移动通信中常见的信道编码方式有线性分组码、卷积码、级联码、Turbo 码、LDPC（Low Density Parity Check Code，低密度奇偶校验码）和 Polar（极化）码等。不同的编码复杂度不同，功能也不一样，有些只能检错，有些可以纠错，表 5-2 所示为不同制式的信道编码。

表 5-2　　　　　　　　　　　　　　不同制式的信道编码

制式	信道编码
GSM	卷积码和分组码
TD-SCDMA	卷积码和分组码
CDMA2000 1X	卷积码和 Turbo 码
WCDMA	卷积码和 Turbo 码
LTE	卷积码和 Turbo 码
5G	LDPC 和 Polar 码

5.3.6　功率控制技术

功率控制是移动通信系统中最重要的功能之一，每一代移动通信系统都会采用功率控制技术，只是实现的方法和技术细节有所区别。

在移动通信系统中，为防止邻道干扰和远近效应，要求从各移动台/基站到基站/移动台接收机的信号功率电平（或信噪比）或解调后的误码率基本相同，这就需要对移动台/基站的发射功率进行自动功率控制。功率控制是在对接收机端的接收信号强度、信噪比等指标进行评估的基础上，适时改变发射功率来补偿无线信道中的路径损耗和衰落，从而既维持了通信质量，又不会对同一无线资源中其他用户产生额外干扰。另外，功率控制使得发射机功率减小，从而延长终端电池使用时间。

　　功率控制根据功率的发起者可以分为前向功率控制和反向功率控制。前向功率控制指基站周期性地调低其发射到用户终端的功率值，用户终端测量误帧率，当误帧率超过预定义值时，用户终端要求基站对它的发射功率增加 1%，每隔一定时间进行一次调整。用户终端的报告分为定期报告和门限报告。这种方法在移动通信中一般不采用。反向功率控制是控制终端的发射功率，主要目的是：使基站接收到的各移动台发射来的功率满足各自通信链路要求的值；在达到服务质量要求时，最小化移动台的发射功率，延长移动台电池的寿命。反向功率控制在移动通信中比前向功率控制更为重要。

　　功率控制根据功率控制时基站是否参与可以分为开环功率控制和闭环功率控制。在没有基站参与的时候为开环功率控制，否则为闭环功率控制。开环功率控制是终端根据它接收到的基站发射功率，用其内置的数字信号处理器计算，进而估算出下行链路的损耗以调整自己的发射功率。目前更多使用的是闭环功率控制。它的原理是基站根据在上行链路上接收到的信号的强弱，在下行链路上向终端发送功率控制指令，终端根据接收到的指令调节发射功率。闭环功率控制的优点是控制精度高，缺点是实施功率控制在时间上要比实际需要的功率控制有所延迟。

5.4　移动通信常用概念

5.4.1　空中接口

　　空中接口是一个形象化的术语，是相对于有线通信中的线路接口概念而言的。有线通信中，线路接口定义了接口的物理尺寸和接口间一系列的电信号或者光信号的规范。无线通信技术中，空中接口则定义了终端设备与网络设备之间的无线信道（电磁波构成的链路）的技术规范，例如无线信道的使用频率、带宽、接入时机、编码方法等。

　　在移动通信中，终端用户与基站通过空中接口互相连接。空中接口定义的就是基站和移动电话之间的无线传输规范。在不同制式的蜂窝移动通信网络中，空中接口的术语是不同的。例如在 GSM 网络和 CDMA2000 网络中，它被称为 Um 接口；在 TD-SCDMA、WCDMA 及 LTE 网络中，它被称为 Uu 接口。

5.4.2　小区

　　小区（也称蜂窝小区、扇区）是指在移动通信系统中，其中的一个基站或基站的一部分（扇形天线）所覆盖的区域，在这个区域内移动台可以通过无线信道可靠地与基站进行通信。这种划分区域的方法使得整个区域看起来像由很多蜂巢组成，因此小区又被称为蜂窝小区，移动通信系统也被称为蜂窝通信系统。蜂窝通信系统如图 5-6 所示。

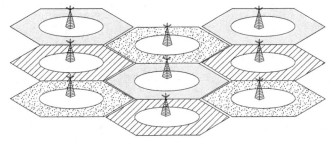

图 5-6　蜂窝通信系统

　　早期的移动通信是大区制，也就是在一个区域内建一个基站，且尽可能地扩大该基站的信号覆盖范围。这种方法的好处是实现容易，设备简单，但由于受功率和频谱资源限制，系统容量有限，而且扩大容量很困难。因此后来人们提出了小区的方法，即将一个区域划分成很多小的区域——小区。每个小区用一个基站来进行信号覆盖，相邻的小区使用不同的频率避免干扰，而相隔较远的小区由于基站功率有限，可以使用相同的频率且干扰程度很低，不足以对两个小区用户的通信质量产生致命的影响。这样就实现了频率复用，大大提高了频谱资源利用率。在相同的频谱和带宽资源下，相比较大区制的方法，由于频率的复用，小区系统容量得到很大的提升。

5.4.3　附着和去附着

　　UE 附着，即 UE 在进行实际业务之前在移动网络中的注册过程，这是一个必要的过程，即用户只有在附着成功后才可以接收来自网络的服务。需要说明的是，各代移动通信系统都规定的紧急呼叫（号码 112）则不需要附着过程，紧急呼叫在实际应用中不被认为是一种服务。

　　附着成功的终端，在网络中的状态被标识为"开机"，并将获得网络分配的 IP 地址，提供"永久在线"的 IP 连接。与传统 2G/3G 网络不同的是，4G 网络直接通过初始化附着为用户建立默认承载，而 2G/3G 网络的用户需要在附着之后，进行激活 PDP（Packet Data Protocol，分组数据协议）上下文的过程中才会为其分配 IP 地址。

　　当终端不需要或者不能够继续附着在网络时，将会发起去附着流程。根据发起方不同，去附着可以由 UE、MME 或 HSS 发起。UE 发起的去附着一般为关机。MME 发起的去附着可能是因为终端长时间没有与网络交互，而 HSS 发起的去附着是因为用户的签约、计费信息等原因（例如欠费停机）。这两种情况都是网络主动断开与终端的连接，而 UE 在网络中的状态被标记为"隐含关机"。

5.4.4　位置区和位置更新

1. 位置区

位置区（Location Area，LA）是 GSM 时代和 UMTS 时代电路域的概念。为了跟踪移动台，通常将一个移动通信网的服务区分成若干个位置区，一个位置区可包括若干个基站（小区）。每个位置区具有唯一的识别码，也称区域识别码。终端注册当前的位置区，在 MSC/VLR 中都会保持记录。网络在呼叫终端的时候，先通过 HLR 查找到终端所在的 MSC/VLR，然后从 MSC/VLR 中查找到终端所在的位置区，将寻呼消息发送到该位置区中的所有基站中。

跟踪区（Tracking Area，TA）是 LTE 系统为 UE 的位置管理新设立的概念。TA 的本质和 LA 是一样的。TA 是 LTE 分组域的位置区。在实际中，LTE 往往使用跟踪区列表（TA List）的方法。即多个 TA 组成一个 TA List，同时分配给一个 UE，UE 在该 TA List 内移动时不需要执行 TA 更新。LTE 中主要是数据业务，当网络有下行数据的时候，PGW 下发数据到 SGW，然后 SGW 触发 MME 发起寻呼，MME 查找内存中保存的 UE 所在的 TA List，最后将寻呼下发到终端。TA 和 TA List 的关系如图 5-7 所示。

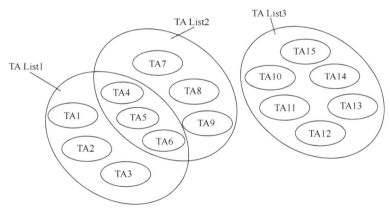

图 5-7　TA 和 TA List 的关系

在 2G/3G 系统的数据业务中，又定义了 RA（Routing Area，路由区），其实，无论 LA、TA 还是 RA，其本质和功能都是一样的。

2. 位置更新

移动台每次一开机，就会接收来自其所在位置区中基站的广播控制信道（Broadcast Control CHannel，BCCH）的消息。在开机并处在非业务状态（空闲状态）时，它也会一直收听 BCCH 的消息。在广播消息中，有一个重要的消息是基站所属的位置区，用位置区识别码（Location Area Identification，LAI）标识。移动台会将该识别码与自身存储器中保存的上次收到的识别码相比较。若相同，则说明该移动台的位置未发生改变，无须进行位置更新；否则，认为移动台已由原来位置区移动到了一个新的位置区中，必须进行位置更新。位置更新由移动台发起，是移动通信系统中必不可少的移动性管理功能中的一项。只有通过位置更新，系统才能随时掌握移动台在网络中的位置，以便有通话或数据需要送达时，通过寻呼功能找到移动台并建立连接。

下面以 2G/3G 系统为例说明位置更新的大致过程。

移动台的不断运动将导致其位置的不断变化。如果新的位置区和原位置区同属于一个 MSC/VLR 管理下，位置更新只是移动台中和 VLR 中保存的 LAI 发生变化；如果这个新的位置区属于另一个 MSC/VLR，则该 VLR 要对这种来访的移动台进行位置登记，然后向该移动台的 HLR 查询其有关参数并保存下来。HLR 也要保存该 VLR 信息，以便为其他用户（包括固定用户或另一个移动用户）呼叫此移动台提供所需的路由。同时，HLR 通知原 VLR 删除该移动台的有关信息。

移动台关机，是一种特殊的位置更新。移动台不会马上关掉电源，而是先向系统发出关机指令，系统将移动台的状态置为关机。还有一种特殊的位置更新称为周期性位置更新，就是使处于待机状态且位置稳定的移动台以适当的时间间隔周期性地进行位置更新，间隔的时间由系统设定。周期性位置更新的目的在于保证系统能经常了解移动台的状态，从而可以保证在移动台关机而系统没有收到关机消息，或者移动台长期驻留无信号覆盖的区域，系统不会对移动台不断地进行寻呼。

5.4.5 寻呼

寻呼（Paging）是移动通信中的一个重要概念和功能。当核心网需要和用户建立连接，也就是通常所说的终端被叫或有数据需要接收时，核心网会发起寻呼流程，目的是找到用户终端并建立一条信令连接。实现寻呼功能的第一个基础是位置更新，即用户通过位置更新上报自己的位置区。另一个基础是用户终端的设计原则，即终端在空闲状态总是会在规定的时间和信道重复收听有没有给自己的寻呼消息。

寻呼流程的简单描述如下。

（1）当有被叫或有数据需要下发到用户时，系统启动寻呼流程，寻呼消息从核心网发送给用户位置区内的所有基站。

（2）位置区内所有基站在特定的下行信道发送寻呼消息，终端收听到寻呼消息，发现寻呼消息是给自己的，发出寻呼响应消息。

（3）寻呼响应消息通过某个基站发送给核心网，核心网对用户进行验证，允许用户接入并建立连接。

（4）连接建立，寻呼流程结束，开始语音呼叫建立或传输业务数据。

5.4.6　切换

切换是指终端在做业务的过程中，从一个小区或信道变更到另外一个小区或信道时，为保证业务能继续进行，为终端服务的设备、小区、信道发生改变的过程。切换由终端、基站、控制器、核心网共同完成。但由于 LTE 网络中没有基站控制器，切换由终端、基站和核心网共同完成。需要切换的原因主要有两个，一个是终端在与基站之间进行信息传输时，从一个无线覆盖小区移动到另一个无线覆盖小区，由于原来所用的信道传输质量太差而需要切换，判断信道质量好坏的依据可以是接收信号功率、接收信噪比或误帧率等。另一个原因是终端在与基站之间进行信息传输时，处于两个无线覆盖区之中，系统为了平衡业务而需要对当前所用的信道进行切换。

切换的种类总体上可分为硬切换、软切换两种，还可以根据切换发生的位置分为基站内切换、跨基站切换和跨核心网元切换等。

1．硬切换

硬切换是指在新的通信链路建立之前，先中断旧的通信链路的切换方式，即"先断后通"，在整个切换过程中移动台只能使用一个无线信道。在从旧的服务链路过渡到新的服务链路时，硬切换存在通话中断，但是时间非常短，用户一般感觉不到。在这种切换过程中，可能存在原有的链路已经断开，但是新的链路没有成功建立的情况。这样移动台就会失去与网络的连接，即产生掉话。

采用不同频率的小区之间只能采用硬切换，所以模拟系统和 GSM 都是采用硬切换的方式。4G LTE 系统也采用了硬切换，是由于软切换需要基站控制器的支持，而 LTE 为了实现网络结构扁平化，取消了基站控制器。

硬切换方式的失败率比较高。如果目标基站没有空闲的信道或者切换信令的传输出现错误，都会导致切换失败。此外，当移动台处于两个小区的交界处，需要进行切换时，由于两个基站在该处的信号都较弱并且会起伏变化，就容易导致移动台在两个基站之间反复要求切换，即出现"乒乓效应"。这使系统控制器的负载加重，并增加通信中断的可能性。根据以往对模拟系统、GSM 的测试统计，无线信道上 90% 的掉话是在切换过程中发生的。LTE 使用硬切换，由于网络结构的扁平化，端到端时延减小，新无线链路建立的时间大大缩短，在一定程度上减轻了不采用软切换的不利影响。

2．软切换

软切换是指移动台需要进行切换时，先与新的基站建立通信链路，然后与原基站切断联系，即"先通后断"。CDMA 系统中所有的小区采用同一频率，这使得软切换技术得以实现。在软切换的过程中，移动台会与多个基站同时通信，这样可以有效地提高切换的成功率，大大减少切换造成的掉话。在切换过程中，移动用户与原基站和新基站都保持通信链路，只有当移动台在新的小区建立稳定通信后，才断开与原基站的联系。因此，软切换属于 CDMA 通信系统独有的切换功能，可有效提高切换可靠性，掉话的概率非常小。

5.5　4G 网络的结构与组成

在 LTE 中，3GPP 组织对系统架构制定了相应的标准，并将 4G 网络定义为演进的分组系统（Evolved Packet System，EPS），其核心网定义为演进的分组核心网（Evolved Packet Core，EPC）、无线接入网定义为演进的通用陆地无线接入网络（Evolved Universal Terrestrial Radio Access Network，E-UTRAN）。通用的电信网络如图 5-8 所示，它包括了移动通信系统的 4G 系统 EPS、2G/3G 系统共用核心网 CS、2G 无线网 GERAN、3G 无线网 UTRAN，以及传统固定电话网 PSTN 和 PSTN 的演进网络 IMS。

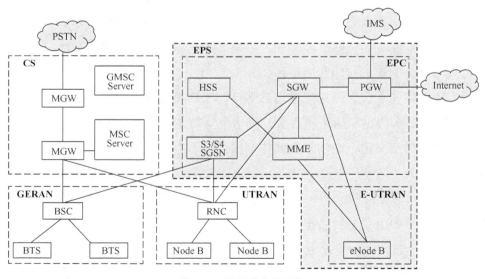

图 5-8　通用的电信网络

网络中各个域的功能如下。

- EPS 包括 EPC 和 E-UTRAN，负责为 LTE 用户提供移动宽带业务。其中，E-UTRAN 负责为 4G 用户提供无线接入资源；IMS 负责为 LTE 用户提供语音及多媒体业务。

- CS 负责为 2G/3G 用户提供语音业务；

- GERAN 负责为 2G 用户提供无线接入资源；
- UTRAN 负责为 3G 用户提供无线接入资源。

5.5.1 EPS 网络

在 EPS 架构下，整个网络分为 E-UTRAN 和 EPC 两个主要部分。其中 E-UTRAN 部分去除了在 3G 网络架构中的 RNC 节点，目的是简化网络架构和减小时延，而 RNC 功能被分散到了 eNode B（4G 基站）和服务网关（Serving Gateway, SGW）中。E-UTRAN 结构中包含了若干个 eNode B。eNodeB 之间底层采用 IP 传输，通过 X2 接口互相连接。每个 eNodeB 通过 S1 接口连接到 EPC 网络，即通过 S1-MME 接口和 MME 相连，通过 S1-U 和 SGW 连接，S1-MME 和 S1-U 分别是 S1 接口的控制平面和用户平面，如图 5-9 所示。

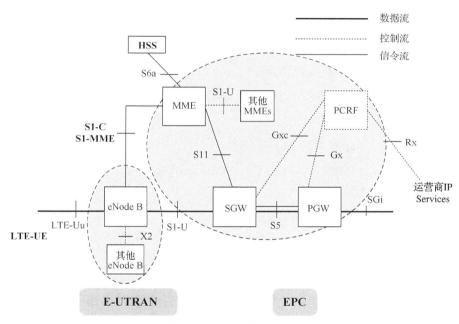

图 5-9 EPS 网络架构

5.5.2 EPS 网元功能

通信网中的设备一般称为网元，不同的网元完成不同的功能。下面简单介绍 EPS 网络中各个网元的功能。

1. eNode B

eNode B（简称 eNB）是 LTE 网络中的无线基站，也是 LTE 无线接入网的唯一网元，负责与空中接口相关的所有功能，这一点和 2G/3G 基站不同。2G/3G 基站只负责与终端无线链路的连接，而链路的具体维护工作，例如无线资源管理、不经过核心网的移动性管理等都是由基站的上一级管理实体完成的，这个管理实体在 2G 中是 BSC（Base Station Controller，基站控制器）、在 3G 中是 RNC。此外无线接入网与核心网的桥梁功能也是在 BSC 或 RNC 中实现的。总之，eNode B 大致相当于 2G 中 BTS（Base Transceiver Station，基站收发台）与 BSC 的结合体，或 3G 中 Node B 与 RNC 的结合体。即除了具有原来 Node B 的功能之外，还承担了原来 BSC/RNC 的大部分功能，包括物理层功能、MAC 层功能、无线链路控制（Radio Link Control，RLC）层、分组数据汇聚协议（Packet Data Convergence Protocol，PDCP）功能、无线资源控制（Radio Resource Control，RRC）功能、调度、无线接入许可控制、接入移动性管理以及小区间的无线资源管理功能等。

eNode B 主要功能如下。

- 无线资源管理：无线承载控制、无线接纳控制、连接移动性控制、上下行链路的动态资源分配（调度）等功能。
- IP 头压缩和用户数据流的加密。
- 当从提供给 UE 的信息无法获知到 MME 的路由信息时，选择 UE 附着的 MME。
- 路由用户面数据到 SGW。
- 调度和传输从 MME 发起的寻呼消息。
- 调度和传输从 MME 或 O&M（Operation and Maintenance，操作和维护）发起的广播信息。
- 移动性和调度的测量及测量上报的配置。

2. MME

MME 是 LTE 接入网络的关键控制节点，是 EPC 的控制核心，主要负责用户接入控制、业务承载控制、寻呼、切换控制等控制信令的处理。MME 功能与网关功能分离，这种控制平面/用户平面分离的架构，有助于网络部署、单个技术的演进及全面灵活的扩容。

MME 具体功能如下。

- 接入控制：包括安全和许可控制。
- 移动性管理：包括位置更新、切换、附着与去附着等。
- 会话管理功能：包括对 EPC 承载的建立、修改和释放；与 2G/3G 网络交互时，完成 EPC 承载于 PDP 上下文之间的有效映射；接入网侧承载的建立和释放；根据 APN（Access Point Name，接入点名称）和用户签约数据选择合适的路由。

● SGW/PGW 的选择：当用户有数据业务请求时，MME 需要选择一个 SGW/PGW，将用户数据包转发出去。总体来说，MME 类似 3G 网络中 SGSN 网元的控制面功能，将网元控制面与用户面功能的分离更有利于网络扁平化的部署。MME 除以上移动性管理等功能之外，还负责合法监听、用户漫游控制及安全认证等方面的管理。

3. SGW

SGW 是 EPC 中的重要网元，它具备和 E-UTRAN 的接口，主要负责用户面处理，负责数据包的路由和转发等功能，支持 3GPP 不同接入技术的切换。当发生切换时，SGW 作为用户面的锚点。对每一个 UE 而言，在一个时间点上，都有一个 SGW 为之服务。SGW 和 PGW 可以在同一个物理节点或不同物理节点实现。

SGW 主要提供以下功能。

● eNode B 间切换时，本地的移动性锚点。

● 3GPP 内不同接入网间切换的移动性锚点。

● E-UTRAN 空闲状态下，下行包缓冲功能及网络触发业务请求过程的初始化。

● 合法侦听。

● 包路由和前转。

● 上下行传输层包标记。

● 进行运营商间的计费时，分别以 UE、PDN、服务质量等级标识（QoS Class Identifier，QCI）为单位进行上下行计费。

4. PGW

PGW 作为 EPC 网络的边界网关，提供用户的会话管理和承载控制、数据转发、IP 地址分配以及非 3GPP 用户接入等功能。它是 3GPP 接入和非 3GPP 接入公用数据网络 PDN 的锚点。非 3GPP 接入，指的是 3GPP 标准以外的无线接入技术，例如中国电信的 CDMA 接入技术及目前流行的 Wi-Fi 接入技术等。也就是说，在 EPC 网络中，移动终端如果是非 3GPP 接入，它可以不经过 MME 网元和 SGW 网元，但一定要经过 PGW 网元，才能接入 PDN。

PGW 还负责 DHCP、策略执行（如限速）、计费等功能；如果 UE 访问多个 PDN，UE 将对应一个或多个 PGW。

5. PCRF

3GPP 从 R7 版本的规范开始在网络中引入 PCRF 网元，该功能可以对用户和业务状态 QoS 服务质量进行控制，为用户提供差异化的服务。并且能为用户提供业务流承载资源保障及流计费策略，真正让运营商实现基于业务和用户分类的更精细化的业务控制和计费方式，以合理利用网络资源，创造最大利润，为 PS 域开展多媒体实时业务提供了可靠的保障。PCRF 包含策略控制决策和基于流的计费控制功能。引入 PCRF 后，在网络中就可实施 QoS 保障技术，这样运营商也就可以在网络中提供用户差分服务和业务的差异化服务。

5.5.3　EPS 网络接口协议

接口协议指的是需要进行信息交换的通信设备接口间需要遵从的通信方式和要求。接口协议的种类非常多，不仅要规定物理层的通信，还需要规定语法层和语义层的要求。EPS 网络接口如图 5-10 所示。

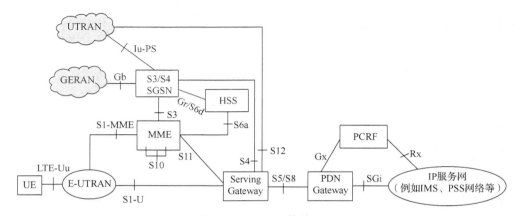

图 5-10　EPS 网络接口

图 5-10 所示的接口对应的协议描述如表 5-3 所示。

表 5-3　　　　　　　　　　　　　　　　EPS 网络接口协议

接口名称	协议类型	功能
S1-MME	采用 S1AP（S1 Application Protocol，S1 应用协议）和 SCTP	MME 与 LTE/eNode B 间的接口，作为控制平面协议的参考点
S1-U	采用 GTP（GPRS Tunnelling Protocol，GPRS 隧道协议）和 V1-U 协议（GTP 版本 1 用户面）	SGW 与 LTE/eNode B 间的接口，在核心网与无线侧之间建立用户面隧道
S3	采用 GTP V2-C 协议（GTP 版本 2 控制面）	MME 与 S3/S4 SGSN 间的接口，传递用户和承载的上下文
S4	采用 GTP V1-U 和 GTP V2-C 协议	SGW 与 S3/S4 SGSN 之间的接口，在 SGSN 和 SGW 之间建立用户面隧道，转发用户面报文
S5/S8	采用 GTP V1-U 和 GTP V2-C 协议	SGW 和 PGW 之间的接口，支持 SGW 和 PGW 之间隧道的管理，以及进行用户面报文的隧道传递
S6a	采用 SCTP/Diameter（替换 RADIUS 协议的 3A 认证协议）协议	MME 与 HSS 之间的接口，传递用户的签约数据
S10	采用 GTP V2-C 协议	MME 与 MME 间的接口，负责 MME 与 MME 间的信息传输

续表

接口名称	协议类型	功能
S11	采用 GTP V2-C 协议	MME 与 SGW 间的接口，支持 EPS 的承载管理
S12	采用 GTP V1-U 协议	UTRAN 和 SGW 之间的接口，支持 3G DT（Direct Tunnel，直传隧道）功能
SGi	采用 RADIUS 协议、DHCP、L2TP（Layer2 Tunnel Protocol，层 2 隧道协议）协议、UDP/IP	PGW 和 PDN（Packet Data Network，分组数据网）之间的接口，实现与 PDN 网络之间的通信
Iu-PS	用户面采用 GTP-U（GTP User Plane，GTP 用户面）和 RANAP（Radio Access Network Application Protocol，无线接入网应用协议）	S3/S4 SGSN 与 RNC 的接口
Gx	采用 Diameter 协议	PGW 和 PCRF 之间的接口，传递 QoS 和计费策略
Gb	采用 SNDCP（Sub Network Dependent Convergence Protocol，子网相关的收敛协议）、LLC（Logic Link Control，逻辑链路控制）、BSSGP（Base Station System GPRS Protocol，GPRS 基站子系统协议）	S3/S4 SGSN 和 BSC 之间的接口，负责分组数据业务处理和分组数据传送、数据链路的管理及数据封装/解封装
Rx	AF（Application Function，应用功能）传输应用层会话消息给 PCRF	AF 和 PCRF 之间的接口
Gr/S6d	Gr 接口采用 MAP 协议；S6d 接口采用 Diameter 协议	Gr 接口实现 GPRS 位置更新和用户数据插入功能。S6d 接口用于更新用户位置信息并向 SGSN 发送用户签约和鉴权信息

5.6　5G

　　5G 是新一代蜂窝移动通信技术。5G 的性能目标是更高的数据传输速率、减小延迟、节省能源、降低成本、提高系统容量和大规模设备连接。2015 年 10 月，在瑞士日内瓦召开的无线电通信全会上，ITU-R 正式确定了 5G 的法定名称是"IMT-2020"。 2017 年 12 月，3GPP 提前完成了 5G NSA（Non-Standalone，非独立组网）标准。2018 年 6 月，3GPP 批准了首个 5G SA（Standalone，独立组网）标准，这也意味着 3GPP 首个完整的 5G 标准 Release 15（R15）正式落地。随着 2020 年 7 月 3GPP 正式宣布 R16 标准冻结，标志着 5G 第一个演进版本标准完成。R15 满足 5G 的基本概念和功能要求，而 R16 是 R15 的增强版本，完全满足 5G 标准。

　　5G 区别于前几代移动通信技术的关键性能指标如下。

- 峰值速率需要达到 1～10Gbit/s 的标准，以满足高清视频、虚拟现实等大数据量传输。

- 空中接口时延水平需要在 1ms 左右，满足自动驾驶、远程医疗等实时应用。

- 超大网络容量，具备连接千亿设备的能力，满足物联网通信。

- 频谱效率要比 LTE 提升 10 倍以上。

- 连续广域覆盖和高移动性下，用户体验速率达到 100Mbit/s。

- 流量密度和连接数密度大幅度提高。

- 系统协同化、智能化水平提升，表现为多用户、多点、多天线、多小区的协同组网，以及网络间灵活地自动调整。

5.6.1　5G 的三大应用场景

2G/3G/4G 时代，从定义上还没有应用场景的说法，即使已经有了远程抄表、共享单车、智能停车等此类的物联网应用，但是也没有把物联网应用单独拿出来定义为物联网应用场景。但是 5G 不同，根据应用对 5G 网络不同的带宽、时延、连接数量的需求，5G 被定义了三大主要的应用场景，如图 5-11 所示。

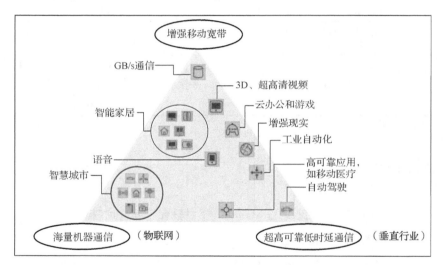

图 5-11　5G 三大应用场景

（1）第一种场景，增强移动宽带（Enhanced Mobile Broad Band，eMBB），它主要针对人与人、人与媒体的通信场景，核心是速率的提升。5G 标准要求单个 5G 基站至少能够支持 20Gbit/s 的下行速率及 10Gbit/s 的上行速率。这个速度比 LTE 增强（Long Term Evolution Advanced，LTE-A）的 500Mbit/s 上行速率和 1Gbit/s 的下行速率提高了几十倍，适用于 4K/8K 超高清视频、虚拟现实（Virtual Reality，VR）/增强现实（Augmented Reality，AR）等大流量应用。

（2）第二种场景，超高可靠低时延通信（Ultra Reliable & Low Latency Communication，URLLC），它主要是针对工业生产、工业控制等的垂直行业的应用场景，强调较低的延时和较高的可靠性两个方面。URLLC 要求 5G 的端到端时延必须小于 1ms（在目前已广泛部署的 4G 网络中，端到端时延范围在 50～100ms，比 5G 时延要大约高一个数量级），这样才能实现无人驾驶、智能工厂等低时延应用，而且这些业务对差错的容忍度非常小，需要通信网络非常稳定。

（3）第三种场景，海量机器通信（Massive Machine Type of Communication，mMTC），它主要针对人与物、物与物的互连，即物联网场景。这种场景强调海量的设备连接能力、处理能力及低功耗能力，例如连接能力能够达到 100 000 个连接/扇区，5 年以上的电池持续能力。

5.6.2　5G 的关键能力需求

5G 为了应对不同的应用场景，根据不同场景的应用共性和特性，提出了满足这些应用需求的最低的技术性能保准，我们称这些标准为关键能力需求。

1. 1000 倍的流量增长

5G 业务，特别是媒体应用业务，其单位面积吞吐量显著提升。基于对近年来移动通信网络数据流量增长趋势的分析，业界预测在 2021 年后，全球总移动数据流量将达到 2010 年总移动数据流量的 1000 倍。这要求单位面积的吞吐量能力，特别是忙时吞吐量能力同样有 1000 倍的提升，需要达到 100Gbit/s 以上。

2. 100 倍连接器件数目

随着物联网的快速发展，业界预计 2021 年后的物联网需要连接的器件数目将达到 500 亿～1000 亿个。这就要求单位覆盖面积内支持的器件数目将极大增长，在一些场景下单位面积内通过 5G 移动网络连接的器件数目达到每平方千米 100 万个，比 4G 增长 100 倍。

3. 10Gbit/s 峰值速率

根据移动通信历代技术发展规律，5G 网络同样需要 10 倍于 4G 网络的峰值速率，即达到 10Gbit/s。在一些特殊场景下，用户有单链路 10Gbit/s 速率的需求。

4. 10Mbit/s 的可获得速率和 100Mbit/s 的速率能力

5G 要能够提供在绝大多数的条件下任何用户能够获得 10Mbit/s 及以上速率的体验保障。对于特殊需求用户和业务，5G 系统需要提供高达 100Mbit/s 的业务速率保障，以满足部分特殊高优先级业务，例如急救车内高清医疗图像传输。

5. 更短的时延和更高的可靠性

5G 网络需要为用户提供随时在线的体验，并满足如工业控制、紧急通信等更多高价值场景需求。这一方面要求 5G 进一步缩短用户面时延和控制面时延，比 4G 效率高 5~10 倍，并提供真正的永远在线体验。另一方面，一些关系人的生命、重大财产安全的业务，要求端到端可靠性提升到 99.999%甚至 100%。

6. 更高的频谱效率

LTE-A 在室外场景下平均频谱效率的最小需求为 2~3bit/（s·Hz^{-1}），在引入 CoMP（Coordinated Multiple Points，多点协作）等先进特性后，可以进一步提升系统的频谱效率。而 5G 通过革命性技术的应用，平均频谱效率相对 4G 有 5~10 倍的提升，能有效解决流量爆炸性增长带来的频谱资源短缺问题。

7. 能耗效率明显提升

绿色低碳是未来技术发展的重要需求，5G 通过端到端的节能设计，可使网络综合的能耗效率提高 1000 倍，即达到 1000 倍流量提升但能耗与现有网络水平相当。

根据以上的论述，总结起来，5G 和 4G 的关键性能指标比较如表 5-4 所示。

表 5-4　　　　　　　　　　　　**5G 和 4G 的关键性能指标比较**

能力要求	5G	4G
峰值速率/（Gbit/s）	10	1
用户体验速率/（Mbit/s）	100	10
流量密度/（Mbit/s）	10	0.1
连接数密度/（万个/km^2）	100	10
时延/ms	1	10
移动性/（km/h）	500	350
频谱效率	5G 比 4G 提高 5 倍以上	
能量效率	5G 比 4G 提高 1000 倍以上	

5.6.3　5G 网络架构

1. NSA 组网和 SA 组网

5G 网络架构分为 5G 与 4G 网络结合的 NSA 架构和 5G 独立组网的 SA 架构两种。

（1）NSA：指的是使用现有的 4G 基础设施，进行 5G 网络的部署。这种架构仅新建 5G 基站，核心网仍使用 4G 的核心网（EPC），5G 基站仅承载用户数据，其控制信令仍通过 4G 网络传输。这种组网方式相当于 5G 无法单独工作，仅仅作为 4G 的补充，分担 4G 的流量。NSA 组网的最大好处是节约投资、建设速度快，但是组网技术难度较大，而且受制于架构的缺陷，NSA 并不能完全实现 5G 的高性能。因此 NSA 仅适用于 5G 建网初期，它是过渡方案。

（2）SA：指的是新建 5G 网络，包括 5G 基站、承载网及 5G 核心网全部新建。在

SA 架构下，引入了全新网元与接口的同时，5G 的所有新技术（例如网络虚拟化、软件定义网络、网络切片等）都可以大规模应用，完全实现 5G 的所有特性和功能，因此 SA 是 5G 最终目标架构。

我国运营商选择 5G 网络的态度不尽相同：中国电信的 5G 网络优先选择 SA 架构组网，通过核心网交互操作实现 4G 和 5G 网络协同；中国联通根据各地 5G 实验网测试结果，大部分集中在 NSA 组网，其目标是快速建立 5G 网络；中国移动对 SA 和 NSA 都进行了测试，初期以 NSA 为主，也几乎同步建设 SA 独立组网。

2. 5G 网络架构

5G 核心网（5G Core），简称 5GC。相比之前的核心网架构，5GC 的架构发生了根本性的变化。硬件平台由业界通用服务器（例如 X86 服务器）组成，加上不同的软件，实现不同的网络功能（Network Function，NF）。可以理解为 5GC 由不同的 NF 构成，架构如图 5-12 所示。新设计的各个 NF 对外的接口均采用在 NF 名称前加字母"N"的方式来命名，例如 NSSF 对外的接口为 Nnssf。N1、N2、N3 等接口功能仍然与 4G 的传统接口类似。N5、N7、N8 在规范中没有定义。

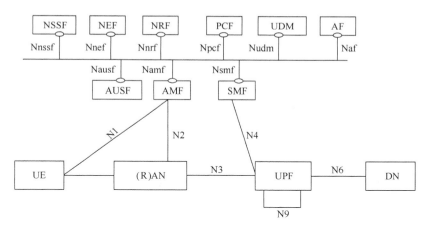

图 5-12　5GC 架构

（1）AUSF

在 5G 网络中，UE 和服务网络之间支持扩展认证协议-认证和密钥分配（Extensible Authentication Protocol-Authentication and Key Agreement，EAP-AKA）与 5G 认证和密钥分配（5G Authentication and Key Agreement，5G AKA）这两种认证算法。在认证的框架里面，UE 扮演着同伴的角色，基站扮演着传递认证者的角色，而认证服务器功能（Authentication Server Function，AUSF）扮演着后端身份验证服务器的角色。身份认证的过程包括两个步骤：一是启动身份验证，选择身份验证方法；二是进行身份验证。

（2）AMF

接入和移动管理功能（Access and Mobile Management Function，AMF）实体是 RAN 信令接口的终结点，NAS 信令的终结点，负责 NAS 消息的加密和完整性保护，负责注册、接入、移动性、鉴权、短信传递等功能。此外在和 EPS 网络交互时还负责 EPS 承载的分配。AMF 可以类比于 4G 的 MME 实体。

（3）DN

数据网络（Data Network，DN）是指 5G 网络连接到的网络，例如运营商服务，互联网接入或第三方服务。

（4）UDSF

非结构化数据存储功能（Unstructured Data Storage Function，UDSF）是 5G 系统架构中可选的功能模块，主要用于存储任意 NF 的非结构数据。

（5）NEF

网络开放功能（Network Exposure Function，NEF），5G 核心网的各个网元及外部网元都将其网络业务能力告诉 NEF，这样每个网元都可以通过 NEF 获知与其有业务关联的网元的业务能力信息。NEF 负责外部网络和内部网络的信息转换和交流，保证网络的安全。

（6）NRF

网络功能被拆分成多个网络功能服务后，维护工程师会从面对几个网元改变为面对几十个网络功能服务，如果仍然依靠传统核心网的手工维护方式工作量很大。网络存储库功能（Network Repository Function，NRF）可以实现 5G 核心网的网络功能的自动化管理。NRF 的功能主要包括：网络功能服务的自动注册、更新或去注册；网络功能服务的自动发现和选择；网络功能服务的状态检测；网络功能服务的认证授权等。

（7）NSSF

5G 通过 S-NSSAI（Single Network Slice Selection Assistance Information，网络切片选择协助信息）对特定网络切片给出唯一的标识。该信息存储在 UE 的签约数据库中。为了实现网络切片的灵活选择，5G 核心网引入了独立网元——网络切片选择功能（Network Slice Selection Function，NSSF）。UE 在会话建立过程中携带 S-NSSAI 信息，RAN/AMF 在 NSSF 的协同下，根据 UE 携带的 S-NSSAI 将信令传送至相应的网络切片。

（8）PCF

控制策略功能（Policy Control Function，PCF）包含策略控制决策和基于流计费控制的功能。PCF 和 4G 网络中的网元 PCRF 功能一致，从统一数据管理（Unified Data Management，UDM）获得用户签约策略并下发到 AMF、SMF 等，再由 AMF、SMF 模块进一步下发到终端、RAN 和用户平面功能（User Plane Function，UPF）。

（9）SMF

会话管理功能（Session Management Function，SMF）主要负责会话管理相关的功能，包括建立、修改、释放等，具体功能包括会话建立过程中的 IP 地址分配，选择和控制用户面功能，配置业务路由和 UP 流量引导，确定会话和服务连续模式（Session and Service Continuity Mode，SSC），配置 UPF 的 QoS 策略等。

（10）UDM

UDM 的主要功能包括管理 3GPP 鉴权证书/鉴权参数，存储和管理 5G 系统的永久性用户 ID，用户的服务网元注册管理，管理用户订阅信息等。

（11）UDR

统一数据存储库（Unified Data Repository，UDR）的功能包括通过 UDM 存储和检索用户数据；由 PCF 存储和检索策略数据；存储和检索用于开放的结构化数据等。

（12）UPF

UPF 主要的功能是负责数据包的路由转发、QoS 流映射，类似 4G 中的 GW（SGW+PGW）。

（13）AF

AF 是 5G 的应用功能，它与 3GPP 核心网交互信息以提供服务，这些信息包括应用流程对流量路由的影响，访问网络开放功能，与控制策略框架互动等。

（14）UE

UE 是指用户使用的终端，包括移动性终端和固定终端，前者包括手机、移动性物联网终端等，后者包括非移动性物联网终端。

（15）RAN

RAN 是和 5G 核心网同等层次的网络，由若干基站、天馈及传输设备组成。

习题

1. 简述移动通信技术的发展历程。
2. 简述无线信号传播的特点和对通信的影响。
3. 什么是多址技术？简述各种多址技术的特点。
4. 简述 TDD 和 FDD 的特点。
5. 数字调制技术有哪几种？简述其特点。

6. 什么是位置区？位置更新的作用是什么？

7. 为什么需要切换？简述切换的种类。

8. 简述 LTE 网络的架构和主要节点的功能。

9. 简述 5G 的三大应用场景和关键性能要求。

06 第 6 章 微波通信与卫星通信

微波通信和卫星通信都属于无线通信方式,微波通信目前主要用于通信传输系统,卫星通信主要用于海事、军用、电视广播等方面。本章先介绍微波通信的相关概念、发展史和设备,再介绍卫星通信的基本概念和常见的卫星通信系统。

6.1 微波通信

6.1.1 微波通信概述

无线电波可以按照频率或波长来分类和命名,常把频率高于 300MHz 的电磁波称为微波。由于各波段的传播特性各异,因此可以将其用于不同的通信系统。例如,中波主要沿地面传播,绕射能力强,适用于广播和海上通信;短波具有较强的电离层反射能力,适用于环球通信;超短波和微波的绕射能力较差,可用于视距或超视距中继通信。

微波通信(Microwave Communication),主要指以工作在 300MHz～300GHz 频段(波长 0.1mm～0.1m,如分米波、厘米波和毫米波)的无线电波作为载波传送信号的通信方式。目前,微波通信并没有使用微波的全部频率,而是主要使用 3GHz～40GHz 这个范围。按传送信号的不同可将微波通信分为模拟微波通信和数字微波通信。

与同轴电缆通信、光纤通信等通信网传输方式不同的是,微波通信不需要固体介质,当两点间直线距离内无障碍时就可以使用微波传送。因此,微波通信具有建设周期短、抗灾害性能高、不容易遭受人为破坏的优点。

但是由于光纤通信有着带宽巨大、超低损耗等微波通信无法比拟的优势，随着光纤成本的下降，目前在我国，在国家通信干线以及绝大多数区域和应用场合，微波通信已经被光纤通信所取代。在有些偏远地区和山区，架设电缆和光缆不便或成本太高，通信容量需求也不是很大，微波通信仍然有使用的价值。

由于微波的频率极高，波长又很短，其在空中的传播特性与光波相近，也就是直线前进，遇到阻挡就被反射或被阻断，因此微波通信的主要方式是视距通信，传输距离超过视距就需要中继转发。一般说来，由于地球曲面的影响及空间传输的损耗，每隔 50km 左右，就需要设置中继站，将电波放大转发而延长通信距离，因此这种通信方式也称为微波中继通信或微波接力通信。微波中继通信如图 6-1 所示，通信链路由若干站点组成，每个站点一般由带天线的铁塔和放置设备的机房组成。长距离微波通信干线可以经过几十次中继而传输数千千米仍可保持很高的通信质量。

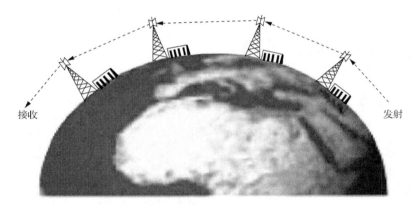

图 6-1　微波中继通信

6.1.2　微波通信的特点

微波通信主要具有以下特点。

（1）通信中使用的长、中、短波波段总共带宽不超过 30MHz。而微波波段带宽达 30GHz，频带宽度约为长、中、短波带宽的 1000 倍，可容纳大量的通信波道，每个波道可通几十路电话信号到几千路电视信号。

（2）雷电、宇宙辐射等干扰以及太阳黑子的活动对微波通信影响很小，可以不予考虑。

（3）微波具有与光波一样的沿直线传播的特性，由于其传输特性受地形、地貌和大气层的影响，两站间的距离不能很长。微波是在空气对流层中传播的。由于地球表面的反射及对流层气象参数的变化微波易产生衰落。为了获得比较稳定的传播特性，相邻两站的距离一般在 30～50km，以中继接力的方式实现远距离通信。

（4）由于微波频率很高、波长很短，可以制成方向性很强、尺寸又小的微波天线。这些天线不仅架设方便，而且大大减小了发射功率，大大减轻了不同微波系统之间的干扰。

（5）微波天线可获得高增益和强方向性。当微波天线的口径一定时，波长越短，天线的增益越大。而微波通信的波长一般比较短，意味着微波通信可获得较高的增益。

6.1.3 微波通信发展史

微波通信的发展与无线通信的发展是分不开的。1901 年，马可尼使用 800kHz 中波信号进行了从英国到北美纽芬兰的世界上第一次横跨大西洋的无线电波的通信试验，开创了人类无线通信的新纪元。无线通信初期，人们使用长波及中波来通信。20 世纪 20 年代初，出现了短波通信，后来又发展出了微波通信。直到 20 世纪 60 年代卫星通信的兴起，微波通信一直是国际远距离通信的主要手段。

从 20 世纪 40 年代开始，特别是第二次世界大战之后，微波通信由于其通信的容量大而投资费用低（约占电缆投资费用的 1/5）、建设速度快、抗灾能力强等优点而取得迅速的发展。20 世纪 40 年代到 50 年代产生了传输频带较宽、性能较稳定的微波通信，成为长距离、大容量地面干线无线传输的主要手段。模拟调频传输容量高达 2700 路，也可同时传输高质量的彩色电视信号。

最初的微波通信系统都是模拟制式的，它与当时的同轴电缆载波传输系统同为通信网长途传输干线的重要传输手段。20 世纪 70 年代起诞生了中小容量（如 8Mbit/s、34Mbit/s）的数字微波通信系统，这是通信技术由模拟向数字发展的必然结果。数字微波通信又分为 PDH（准同步数字系列）和 SDH（同步数字系列）两个阶段。20 世纪 80 年代后期，随着 SDH 在传输系统中的推广应用，出现了 $N×155$Mbit/s 的 SDH 大容量数字微波通信系统，而数字微波通信和光纤、卫星一起被称为现代通信传输的三大支柱。随着频率选择性色散衰落对数字微波传输中断影响的发现以及一系列自适应衰落对抗技术与高状态调制与检测技术的发展，使数字微波传输产生了革命性的变化。

我国的微波通信研究启动较晚，开始于 20 世纪 60 年代。自 1956 年引进第一套微波通信设备以来，经过仿制和自发研制过程，我国取得了很大的成就。20 世纪 50 年代至 70 年代中期是模拟微波接力通信系统蓬勃发展的时期,微波通信与当时的同轴电缆载波传输系统，同为通信网长途传输干线的重要传输手段。微波接力通信系统在该阶段由于工程建设速度快、成本低、抗自然灾害能力强，成为城市间电视节目传输、长途电信传输的电话与非话电信业务主要依赖的通信系统，得到了飞速的发展。

自 20 世纪 70 年代中期开始，我国微波通信技术发展进入第二阶段，即由模拟转向数字，通过对模拟设备的改造和新建，逐步建成了全国范围的干线级数字微波接力通信网。在 1976 年的唐山大地震中，在京津之间的同轴电缆全部断裂的情况下，6 个微波通道全部"安然无恙"。20 世纪 90 年代的长江中下游的特大洪灾中，微波通信又一次显示了它的巨大威力。

20 世纪 90 年代以来，特别是进入 21 世纪以来，由于采用了新型的光纤和新的信号传送技术，光纤的传输容量越来越大，尤其是 DWDM 技术的采用使光纤的传输容量有了质的飞跃。光纤通信以其巨大带宽、超低损耗和较低成本而成为干线传输的主要手段，并对数字微波通信形成巨大的冲击。微波传输的干线功能逐渐被光纤通信所取代。自 20 世纪 90 年代以来，以大容量光纤传输作为国家信息"高速公路"的主要手段已经成为不可抗拒的历史潮流。国家骨干网到各个地区、各县市都有光纤通信网。光纤通信网已经成为信息高速公路的主干传输平台。随着光纤成本的进一步下降，现在有条件布放光纤的通信站点，光纤已经全面替代微波，微波通信只用在个别偏远地区和山区，以及应急救灾通信场合。

6.2 微波通信设备

6.2.1 微波通信设备概述

一般来说，微波通信设备主要由室内单元（Indoor Unit，IDU）、室外单元（Outdoor Unit，ODU）、中频电缆（Intermediate Frequency Cable，IFC）、天线等部分组成，如图 6-2 所示。

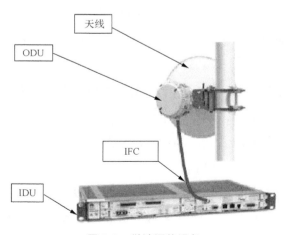

图 6-2 微波通信设备

IDU 和 ODU 的示意如图 6-3 所示。

图 6-3　IDU 和 ODU 的示意

IDU 负责完成业务接入、复分接和调制解调，在室内将业务信号转换成中频模拟信号。简单地说，IDU 的主要功能是：在接收方向，把接收到的微波信号进行解调和数字化处理，分解出需要的信号；在发射方向，把需要传输的数字信号调制成可以发射的信号。IDU 主要包含基带和中频（收和发）部分。

ODU 负责完成信号的变频和放大，主要的功能模块是微波发射和接收模块。发射模块（发信机）一般由上变频（例如把 310MHz 变到 7GHz）、放大、自动电平控制（Automatic Level Control，ALC）等功能模块组成。接收模块（收信机）一般由低噪声放大器（Low Noise Amplifier，LNA）、下变频（到中频，一般是 70MHz）、自动增益控制（Automatic Gain Control，AGC）等模块组成。

天线系统一般包括收发滤波器和天线。在微波天线中，应用较广的有抛物面天线、喇叭抛物面天线、喇叭天线、透镜天线、开槽天线、介质天线、潜望镜天线等。

6.2.2　数字微波通信设备

数字微波通信是用微波作为载体传输数字信息的一种通信方式，因此它兼有数字通信和微波通信两者的优点，如下。

（1）数字信号可以"再生"，因此中继段上的线路噪声不会随中继站数的增加而积累，从而提高了抗干扰性。

（2）由于数字微波传输的是数字信号，因而便于与数字程控交换机连接，不需经数/模、模/数转换设备，即可组成传输与交换一体化综合数字通信网。

（3）保密性强，易于进行加密处理。

（4）体积小、重量轻、功耗低、设计调整方便。

数字微波中继通信如图 6-4 所示。

一条中继通信线路可长达几千千米，组成此通信线路的设备主要分以下几大部分。

1．用户终端

用户终端指直接为用户所使用的终端设备，如电话机、计算机等。

2．交换机

交换机设置在电信部门，用户可通过交换机进行呼叫连接，建立起整个的通信电路。这种交换机可以是模拟交换机，也可以是数字交换机。

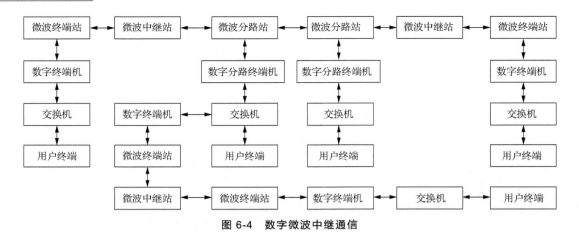

图 6-4　数字微波中继通信

3. 数字终端机

数字终端机即数字终端复用设备，其基本功能是把来自交换机的多路用户音频模拟信号变换成时分多路数字信号，以及把由解调器收到的多路数字信号反变换为音频模拟信号，送到交换机，直至用户终端。

4. 微波中继站

微波中继站是将信号进行再生、放大处理后，再转发给下一个中继站，以确保传输信号的质量，所以微波中继站又称为再生站。微波中继站使得微波通信信号能传送到几百千米甚至几千千米之外。

5. 微波分路站

微波分路站（或称主站）是既有落地话路又有转接话路的接力站。它除了具有终端站的部分特点外，对微波链路有两个以上的通信方向。微波分路站对链路可起辅助控制作用。

6. 微波终端站

链路两端点的站或有支线时的支线终点站称为微波终端站。它的作用是把信号解调为基带信号送至基带终端设备(或相反)。微波终端站对每条链路通信方向一般只有一个，大型城市可能有几个方向的链路。微波终端站对各方向链路起主控作用。

6.2.3　微波中继站的转接方式

数字微波中继通信系统的中继站的转接方式和模拟微波相似，可以分为再生转接、中频转接和微波转接 3 种。

1. 再生转接

载频为 f_1 的接收信号经天线、馈线和微波低噪声放大器放大后与接收机的本振信号混频，混频输出为中频调制信号，经中放后送往解调器，解调后信号经判决再生电路还原出信码脉冲序列。此脉冲序列又对发射机的载频进行数字解调，再经变频和功率放大后以 f_2 的载频经由天线发射出去。这种转接方式采用数字接口，可消除噪声积累。也可直接采用上、下话路，这是目前数字微波通信中常用的一种转接方式。采用这种转接方式时微波终点站和中继站的设备可以通用，如图 6-5 所示。图中的"收本振"和"发本振"指的是接收端和发射端的本地振荡电路，用以产生频率稳定度高的信号。

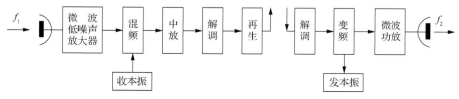

图 6-5　再生转换示意

2. 中频转接

载频为 f_1 的接收信号经天线、馈线和微波低噪声放大器放大后与收本振信号混频后得到中频调制信号，经中放放大到一定的信号电平后再经功率中放，放大到上变频器所需要的功率电平，然后和发本振信号经上变频得到频率为微波的调制信号，再经微波功率放大器放大后经天线发射出去。中频转接采用中频接口，由于省去了调制/解调器，因此设备比较简单。但中频转接不能采用上、下话路，不能消除噪声积累，因此，它实际上只起到增加通信跨距的作用，如图 6-6 所示。

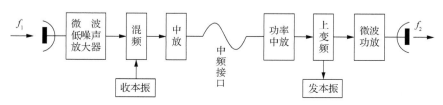

图 6-6　中频转接示意

3. 微波转接

这种转接方式与中频转接很相似，只不过前者在微波频率上放大，后者在中频上放大。为了使本站发射的信号不干扰本站的接收信号，需要有一个移频振荡器，将接收信号为 f_1 的频率变换为 f_2 的信号频率发射出去，移频振荡器的频率即等于 f_1 与 f_2 两频率之差。此外，为了克服传播衰落引起的电平波动，还需要在微波放大器上采用自动增益控制措施。这些电路技术实现起来比在中频上要困难。但是，微波转接的方案较为简单，设备的体积小，中继站的电源消耗量也较少，当不需要上、下话路时，也是一种较实用的方案，如图 6-7 所示。

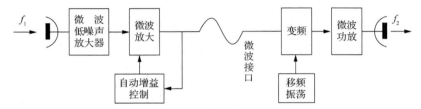

图 6-7　微波转接示意

无论数字信号还是模拟信号，经过长距离传输，特别是经一站站的转接，将在原始信号上叠加各种噪声和干扰。而且，由于实际信道的频带是有限制的，其信道特性也不会十分理想，因而会引入不同形式的失真，使信号质量下降。对模拟微波中继通信系统来说，中频转接和微波转接失真较小，再生转接由于在中继站内又经过一次调制、解调，因而失真较大。而且随着转接站数增加，其失真和噪声是逐站积累的。因此，模拟微波中继通信系统一般都采用中频转接方案，只有分路站才采用群频转接方式。对数字微波中继通信系统来说，再生电路可以消除噪声和干扰，避免噪声的沿站积累。因此，数字微波中继通信系统一般采用再生转接。

6.2.4　数字微波收发信设备

1. 发信设备

在发信设备中，信号的调制方式分中频调制和微波直接调制。数字微波发信设备通常有如下两种组成方案。

（1）微波直接调制发射机

这种方案中，来自数字终端机的数字信号经码型变换后直接对微波载频进行调制。然后，经过微波功放和微波滤波器馈送到天线振子，由天线发射出去。这种发射机的通用性差。

（2）中频调制发射机

这种方案中，来自数字终端机的数字信号经码型变换后，在中频调制器中对中频载频（中频载频一般取 70MHz 或 140MHz）进行调制，获得中频调制信号，然后经过功率中放，把这个已调信号放大到上变频器要求的功率电平，上变频器把它变换为微波调制信号，再经微波功率放大器，放大到所需的输出功率电平，最后经微波滤波器输出馈送到天线振子，由发送天线将此信号送出。可见，中频调制发射机的构成方案与一般调频的模拟微波机相似，只要更换调制、解调单元，就可以利用现有的模拟微波信道传输数字信息。因此在多波道传输时，这种方案容易实现数字-模拟系统的兼容。在不同容量的数字微波中继设备系列中，更改传输容量一般只需要更换中频调制单元，微波发送单元可以保持通用。因此，在研制和生产不同容量的设备系列时，这种方案有较好的通用性。

勤务（公务）信号采用微波调制方式，把勤务信号直接调制在微波本机振荡源上。在数字调制的载波上进行浅调频的这种复合调制方式，设备简单，但多占用主信道的功率和频带，不过能在非再生中继站上、下勤务信号，是目前 PDH 数字微波最常采用的一种勤务传送方式。

上变频以后的微波信号接至带通滤波器，取出边带信号，上变频后的信号一般属于弱信号，需经微波功率放大器进行放大。通常要把微波功率放大到瓦级以上，通过分路滤波器送到天线发射。自动电平控制电路把输出功率维持在合适的电平。

2．收信设备

数字微波收信设备一般都采用超外差接收方式。它由射频系统、中频系统和解调系统等 3 部分组成。来自接收天线的微弱的微波信号经过馈线、微波滤波器、微波低噪声放大器和本振信号进行混频，变成中频信号，再经过中频放大器放大、滤波后送解调单元实现信码解调和再生。

（1）射频系统可以用微波低噪声放大器，也可以不用微波低噪声放大器而采用直接混频方式，前者具有较高的接收灵敏度，而后者的电路较为简单。天线馈线系统输出端的微波滤波器是用来选择工作波道的频率，并抑制邻近信道的干扰。

（2）中频系统承担了接收机大部分的放大量，并具有自动增益控制的功能，以保证达到解调系统的信号电平比较稳定。此外，中频系统对整个接收信道的通频带和频率响应也起着决定性作用。

（3）解调系统中数字调制信号的解调有相干解调和非相干解调两种方式。由于相干解调具有较好的抗误码性能，故在数字微波中继通信中一般都采用相干解调。相干解调的关键是载波提取，即要求在接收端产生一个和发送端调相波的载频同频、同相的相干信号。这种解调方式又称为相干同步解调。另外，还有一种差分相干解调，也称为延迟解调电路。它是利用相邻两个码元载波的相位进行解调，故只适用于差分调相信号的解调。

6.3　卫星通信

6.3.1　卫星通信概述

1．世界卫星通信发展史

利用地球同步轨道上的人造地球卫星作为中继站进行地球上通信的设想是 1945 年英国物理学家阿瑟·克拉克（Arther Clarke）在《无线电世界》杂志上发表的《地球外

的中继》一文中提出的，并在 20 世纪 60 年代成为现实。

同步卫星问世以前，曾用各种低轨道卫星进行了科学试验及通信。世界上第一颗人造卫星"卫星 1 号"由苏联于 1957 年 10 月发射成功，并绕地球运行，地球上首次收到从人造卫星发来的电波。

美国于 1960 年 8 月把覆有铝膜的直径 30m 的气球卫星"回声 1 号"发射到约 1600km 高度的圆轨道上进行通信试验。这是世界上最早的不使用放大器的所谓"无源中继试验"。

美国于 1962 年 12 月发射了低轨道卫星"中继 1 号"。1963 年 11 月，该卫星首次实现了横跨太平洋的日美间的电视转播。此时恰逢美国总统肯尼迪被刺，此消息经卫星传至日本在电视新闻上播出，卫星的远距离实时传输给人们留下了深刻印象，使人造卫星在通信中的地位大为提高。

世界上第一颗同步通信卫星是 1963 年 7 月美国发射的"同步 2 号"卫星。它与赤道平面有 30° 的倾角，相对于地面以 8 字形移动，因而尚不能称为静止卫星，在大西洋上首次用于通信业务。1964 年 8 月发射的"同步 3 号"卫星，定点于太平洋赤道上空国际日期变更线附近，为世界上第一颗静止卫星。1964 年 10 月，该卫星转播了东京奥林匹克运动会的实况。至此，卫星通信尚处于试验阶段。1965 年 4 月，发射的最初的半试验、半实用的静止卫星"晨鸟"，用于欧美间的商用卫星通信，从此卫星通信进入了实用阶段。

20 世纪 80 年代中期，卫星通信面对高密度、大容量干线光纤通信的挑战，已开始转向其具有优势的方向发展。即卫星通信不受地理环境和距离的约束，其点到多点、点到面的覆盖优势和灵活的可移动性，是其他通信手段都无法与之相比的，尤其在地域辽阔、人口分散、领土分隔、接收站址众多的情况下，其优势更加明显。从 20 世纪 90 年代中后期开始，形成了卫星电视直播、卫星声音广播、卫星移动通信和卫星宽带多媒体通信四大发展潮流。

其中卫星移动通信的发展是一波三折，它的兴衰极具有通信技术发展的特点和代表性。虽然它的技术含量很高，但由于各种各样的原因，它先在与地面无线蜂窝网络的竞争中失败，"铱星""全球星"和"轨道通信卫星" 3 个卫星系统先后破产失利，后来经过战略方向和市场定位调整，正在逐步走出困境，目前主要面向政府和军方市场，以及地面蜂窝网络覆盖不到的地区和新的应用领域。

2．我国卫星通信的发展

1970 年 4 月 24 日，我国第一颗人造地球卫星"东方红一号"成功发射，由此开创了我国航天史的新纪元，使我国成为世界上第 5 个独立研制并发射人造地球卫星的国家。

"东方红一号"卫星采用自旋稳定方式，电子乐音发生器是全星的核心部分，它通过 20MHz 短波发射系统反复向地面播送"东方红"乐曲的前 8 小节。它标志着我国已经进入卫星通信的行列。

1984 年 4 月 8 日，我国发射了"东方红二号"试验卫星，这是我国第一颗地球静止轨道通信卫星，星上配置 2 个转发器，可在每天 24 小时内进行全天候通信，包括电话、电视和广播等各项通信试验，开始了使用我国自己通信卫星进行卫星通信的历史。

1986 年 2 月 1 日，我国发射了"东方红二号"实用通信广播卫星。与试验卫星相比，该卫星提高了波束的等效辐射功率，使通信地球站的信号强度明显提高，接收的电视图像质量大为改善，传输质量得到改善，达到两个频道电视转播和 1000 路电话传输能力，卫星设计寿命 3 年。

1988 年 3 月 7 日，我国成功发射"东方红二号甲"实用通信广播卫星，卫星定点在东经 87.5°。星上配置了 4 个通信转发器，能进行 4 个频道电视转播，电话传输能力 3000 路，设计寿命 4.5 年。1988 年 12 月和 1990 年 2 月，我国又成功发射了两颗"东方红二号甲"通信卫星。这 3 颗卫星的在轨服务推动我国卫星通信和电视转播跨入一个新阶段，大大改变了边远地区收视难、通信难的状况，在我国电视传输、卫星通信及对外广播中发挥了巨大作用。

1997 年 5 月 12 日，我国成功发射了首颗"东方红三号"通信卫星。"东方红三号"卫星是我国新一代三轴稳定中等容量的实用通信卫星，可承载 170kg 有效载荷，配置了 24 台转发器，其中 6 台是 16W 中功率转发器，用于传输电视，其余 18 台是 8W 低功率转发器，主要用于电视传输、电话、电报、传真、广播和数据传输等业务。它们至少可连续向全国同时传输 6 路彩色电视节目和 8000 门双工电话(采用频带压缩传输技术后能传送的更多)，设计寿命达 8 年。它的研制成功，为我国其他通信卫星的研制和发展奠定了基础，标志着我国通信卫星技术跨上了一个新台阶。

"东方红四号"大型通信卫星公用平台是"十五"期间我国重点开展的民用卫星工程。该平台采用公用平台设计理念，坚持通用性、继承性、扩展性和先进性的原则，平台的性能与国际上同类卫星先进平台水平相当，设计寿命 15 年，适用于大容量通信广播卫星、大型直播卫星、移动通信、远程教育和医疗等公益卫星，以及中继卫星等地球静止轨道卫星通信任务。它的研发成功为我国通信广播卫星达到 20 世纪 90 年代末国际通信广播卫星水平，实现跨越式发展奠定了基础。

我国卫星发射成功率在国际上一直是高水平的。我国是世界上极少数有能力自行设计、制造、发射和运行通信卫星的国家之一，在世界卫星通信领域中占有一席之地。

3. 卫星通信的概念

严格来说，卫星通信实际上也是一种微波通信，它相当于把微波中继站的天线放到位于地球同步轨道的卫星上，也就是以卫星作为中继站转发微波信号，在多个地面站之间通信。卫星与地面站构成了卫星通信系统。卫星通信的主要目的是实现对地面的"无缝隙"覆盖。由于卫星工作于几百千米、几千千米甚至上万千米的轨道上，因此覆盖范围远大于一般的移动通信系统。但卫星通信要求地面设备具有较大的发射功率，因此不易普及使用。

人造地球卫星根据对无线电信号放大的有无、转发功能的有无，分为有源人造地球卫星和无源人造地球卫星。由于无源人造地球卫星反射下来的信号太弱，无实用价值，于是人们致力于研究具有放大、变频转发功能的有源人造地球卫星——通信卫星，来实现卫星通信。其中绕地球赤道运行的周期与地球自转周期相等的同步卫星具有优越性能，因此利用同步卫星的通信已成为主要的卫星通信方式。不在地球同步轨道上运行的低轨卫星多在卫星移动通信中应用。

卫星通信系统由卫星端、地面端、用户端3部分组成。卫星端在空中起中继站的作用，即把地面站发上来的电磁波放大后再返送回另一地面站，卫星星体又包括两大子系统：星载设备和卫星母体。地面站则是卫星系统与地面公众网的接口，地面用户也可以通过地面站出入卫星系统形成链路，地面站还包括地面卫星控制中心，及其跟踪、遥测和指令站。用户端即各种用户终端。

在微波频带，整个通信卫星的工作频带宽度约为500MHz，为了便于放大、发射及减少互调干扰，一般在星上设置若干个转发器，每个转发器被分配一定的工作频带。目前的卫星通信多采用FDMA技术，不同的地球站占用不同的频率，即采用不同的载波，比较适用于点对点大容量的通信。

近年来，TDMA技术也在卫星通信中得到了较多的应用，即多个地球站占用同一频带，但占用不同的时隙。与FDMA技术相比，TDMA技术由于不会产生互调干扰、不需用上下变频把各地球站信号分开、适合数字通信、可根据业务量的变化按需分配传输带宽等特点，使实际通信容量大幅度增加。另一种多址技术是CDMA，即不同的地球站占用同一频率和同一时间，但利用不同的随机码对信息进行编码来区分不同的地址。CDMA系统采用了扩频通信技术，具有抗干扰能力强、较好的保密通信能力、可灵活调度传输资源等优点，因此比较适合容量小、分布广、有一定保密要求的系统使用。

6.3.2 通信卫星分类

1. 按工作轨道分类

按照通信卫星在地球上空的工作轨道，通信卫星一般分为以下3类。

（1）低轨道卫星

低轨道（Low Earth Orbit，LEO）卫星的轨道距地面 500～2000km，传输时延和功耗都比较小，但每颗星的覆盖范围也比较小，典型系统例如摩托罗拉（Motorola）的铱星系统。低轨道卫星系统由于卫星轨道低、信号传播时延小，所以可支持多跳通信；而且其链路损耗小，可以降低对卫星和用户终端的要求，可以采用微型/小型卫星和手持用户终端。但是低轨道卫星系统也为这些优势付出了较大的代价。由于轨道低，每颗卫星所能覆盖的范围比较小，要构成全球系统需要数十颗卫星，如铱星系统有 66 颗卫星、全球星（Globalstar）系统有 48 颗卫星、Teledisc 有 288 颗卫星。同时，由于低轨道卫星的运动速度快，对于单一用户来说，卫星从地平线升起到再次落到地平线以下的时间较短，因此卫星间或载波间切换频繁。综上，低轨道卫星系统的系统构成和控制复杂、技术风险大、建设成本也相对较高。

（2）中轨道卫星

中轨道（Medium Earth Orbit，MEO）卫星距地面 2000～20 000km，传输时延明显要大于低轨道卫星，但覆盖范围也更大，其典型应用系统是国际海事卫星系统。中轨道卫星通信系统可以说是同步卫星系统和低轨道卫星系统的折中。中轨道卫星系统兼有这两种方案的优点，同时又在一定程度上克服了这两种方案的不足之处。中轨道卫星的链路损耗和传播时延都比较小，仍然可采用简单的小型卫星。如果中轨道卫星系统和低轨道卫星系统均采用星际链路，当用户进行远距离通信时，中轨道卫星系统信息通过卫星星际链路子网的时延将比低轨道卫星系统小。而且由于其轨道比低轨道卫星系统高许多，每颗卫星所能覆盖的范围比低轨道卫星系统也大得多。当轨道高度为 10 000km 时，每颗卫星可以覆盖地球表面的 23.5%，因而只要几颗卫星就可以覆盖全球。若有十几颗卫星就可以提供对全球大部分地区的双重覆盖，这样就可以利用分集接收来提高系统的可靠性，同时系统投资要低于低轨道卫星系统。因此，从一定意义上说，中轨道卫星系统可能是建立全球或区域性卫星移动通信系统较为优越的方案。当然，如果需要为地面终端提供宽带业务，中轨道卫星系统将存在一定困难，而利用低轨道卫星系统作为高速的多媒体卫星通信系统的性能要优于中轨道卫星系统。

（3）静止轨道卫星

静止轨道（Geostationary Earth Orbit，GEO）卫星距地面 35 800km，即位于同步静止轨道，因此也称为同步卫星。理论上，用 3 颗同步卫星即可实现全球覆盖。传统的同步卫星通信系统的技术最为成熟，自从同步卫星被用于通信业务以来，用同步卫星来建立全球卫星通信系统已经成为建立卫星通信系统的传统模式。但是，同步卫星有一些不可克服的障碍，就是较大的传播时延和链路损耗，这严重影响它在某些通信领域的应用。

首先，同步卫星轨道高、链路损耗大，对用户终端接收机性能要求较高。这种系统难于支持手持机直接通过卫星进行通信，或者需要采用 12m 以上的星载天线（L 频段），这就对卫星星载通信有效载荷提出了较高的要求，不利于小卫星技术在移动通信中的使用。其次，由于链路距离长、传播延时大，单跳的传播时延就会达到数百毫秒，加上语音编码器等的处理时间，单跳时延将进一步增加。当移动用户通过卫星进行双跳通信时，时延甚至将达到秒级，这是用户特别是语音通信用户所难以忍受的。要避免这种双跳通信就必须采用卫星上处理使得卫星具有交换功能，但这必将增加卫星的复杂度，不但增加系统成本，也有一定的技术风险。

目前，同步卫星主要用于甚小口径卫星终端站（Very Small Aperture Terminal，VSAT）系统、电视信号转发等，较少用于个人通信。北美卫星通信系统和海事卫星通信系统都是典型的同步卫星通信系统。

2. 按用途分类

按照用途区分，通信卫星可以分为综合业务通信卫星、军事通信卫星、海事通信卫星、电视直播卫星等。

6.3.3 卫星通信系统组成

一般来说，卫星通信系统是由地球站、通信卫星、跟踪遥测及指令分系统和监控管理分系统 4 部分组成的，如图 6-8 所示。

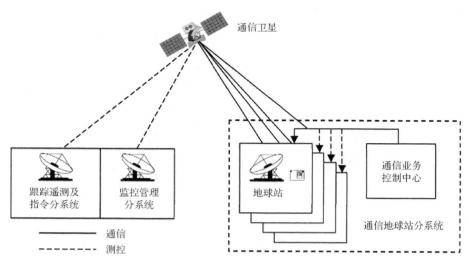

图 6-8　卫星通信系统

1. 地球站

地球站是卫星通信系统中的地面通信设备，也称卫星地球站，如图 6-9 所示。它由天线系统、发射放大系统、接收放大系统、地面通信系统组成。

图 6-9 地球站

（1）天线系统

天线系统由天线、馈电、驱动、跟踪等设备组成，用于完成对卫星的高精度跟踪、高效率地发射、低损耗地接收无线电信号等。

（2）发射放大系统

发射放大系统主要由高功率放大器提供大功率发射信号，可达 10kW。

（3）接收放大系统

接收放大系统主要由低噪声放大器对接收的微弱线号提供放大。它们也被称作射频单元。

（4）地面通信系统

地面通信系统包括调制器、上变频器、下变频器和解调器。

地球站可以应用于监测系统与跟踪系统，对于国家安全、信息传输有重要的意义。地球站可分为固定式地球站、可搬运地球站、便携式地球站、移动地球站及手持式卫星移动终端等。

2．通信卫星

通信卫星（见图 6-10）包括通信系统、遥测系统、遥控系统、跟踪系统、控制系统、能源系统、温控系统、远地点发动机和机械结构系统等，主体是通信系统。

（1）通信系统

通信系统包含通信转发器和通信天线。通信转发器是通信卫星的核心，它的作用是将传输的信号变频和放大。如将收到的 4GHz 上行信号变频为 6GHz 下行信号，将 11GHz 的上行信号变频为 14GHz 的下行信号等，同时将收到的信号放大，通过转发器实现卫星的通信。

图 6-10　通信卫星

通信天线是卫星无线电波的进出口，分为全球波束天线、区域波速天线、点波速天线等。

（2）遥测、遥控和跟踪系统

遥测、遥控和跟踪系统主要包含应答机（含有信标机）、遥测设备、遥控设备和测控天线等。这些系统的功能是接收地面测控站的指令信号，使卫星上的设备按指令动作；向地面测控站发送遥测信号，提供卫星工作情况和环境信息，它们还发送信标信号和转发测距信号，以供地面测控站跟踪和定位。

（3）控制系统

控制系统包含卫星的姿态测量装置、姿态控制装置和反作用推进装置等。姿态测量装置用于测量卫星的飞行姿态。姿态控制装置用于稳定和保持卫星的正常姿态。反作用推进装置用于改变卫星的姿态和轨道，在卫星发射和运行期间进行姿态的调整和轨道的控制，确保卫星在允许的偏差内按预定的轨道运行。

（4）能源系统

能源系统又称为电源系统，包含太阳能电池阵、蓄电池组和供电线路等。当卫星在太阳光的照射区时，由太阳能电池阵给卫星上的电子设备供电，同时给蓄电池充电；当卫星进入阴影区（如星蚀）时由蓄电池组供电。

（5）温控系统

温控系统的作用是对卫星的温度进行控制，确保卫星上的设备在合适的温度范围内工作。实施温控包括有源温控和无源温控两种方式。有源温控用加热器加热等方式来控制温度，会消耗卫星上的能源。无源温控不消耗星上的能源，采用散热、导热、保温等方法来控制温度。

（6）远地点发动机系统

远地点发动机系统的作用是使用固体或液体燃料发动机进行轨道变换，它在过渡轨道远地点启动工作，确保卫星进入地球静止轨道。

（7）机械结构系统

机械结构系统的作用是把分散的各卫星设备组成一个整体，并确保卫星上各设备能够承受运载火箭发射时的力学环境和卫星在轨道上运行时的空间环境。卫星的结构外形与卫星的姿态稳定方式关系密切。自旋稳定通信卫星采用圆筒形自旋壳体结构，一端为伸展的天线，另一端为远地点发动机。三轴稳定通信卫星采用多面的壳体结构，一端为伸展的天线，另一端为远地点发动机，还有两翼向外延伸的太阳能电池帆板。

通信系统被称为通信卫星的有效载荷。其他的各系统都是保障通信系统工作的，统称为保障系统。

6.4　几种典型的卫星通信系统

6.4.1　铱星系统

铱星系统是美国于 1987 年提出的第一代全球卫星移动通信系统。为了保证通信信号的覆盖范围，获得清晰的通话信号，初期设计认为全球性卫星移动通信系统必须在天空上设置 7 条卫星运行轨道（低轨道），每条轨道上均匀分布 11 颗卫星，组成一个完整的卫星移动通信的星座系统。由于它们就像化学元素铱（Ir）原子核外的 77 个电子围绕其运转一样，所以该卫星移动通信系统被称为铱星系统。后来经过计算证实，设置 6 条卫星运行轨道就能够满足技术性能要求，因此卫星总数减少到 66 颗，但仍习惯称其为铱星系统。极地圆轨道高度约 780km，每个轨道平面分布 11 颗在轨运行卫星及 1 颗备用卫星，每颗卫星约重 700kg。铱星系统最大的技术特点是通过卫星与卫星之间的接力来实现全球通信，相当于把地面蜂窝移动电话系统搬到了天上。

铱星系统主要由 4 部分组成：空间段、系统控制段、用户段、关口站段。铱星系统设计能保证全球任何地区在任何时间至少有一颗卫星覆盖，提供手机到关口站的接入信令链路、关口站到关口站的网络信令链路、关口站到系统控制段的管理链路。每个卫星天线可提供 960 条语音信道，每个卫星最多能有两个天线指向一个关口站，因此每个卫星最多能提供 1920 条语音信道。铱星系统可向地面投射 48 个点波束,以形成 48 个相同小区的网络,每个小区的直径为 689km,48 个点波束组合起来,可以构成直径为 4700km 的覆盖区。每个卫星有 4 条星际链路,一条为前向,一条为反向,另两条为交叉连接。星际链路速率高达 25Mbit/s,在 L 频段 10.5MHz 频带内按 FDMA 方式划分为 12 个频带,在此基础上再利用 TDMA 结构,其帧长为 90ms,每帧可支持 4 个 50kbit/s 用户连接。

铱星系统于 1996 年开始试验发射,计划 1998 年投入业务,预计总投资为 23 亿美元。从技术角度看,铱星系统已突破了星际链路等关键技术问题,系统基本结构与规程已初步建成,系统研究发展的各个方面都取得了重要进展,在此期间全世界有几十家公司都参与了铱星计划的实施,应该说铱星计划初期的确立、运筹和实施是非常成功的。

铱星系统发展初期,覆盖全球陆地的移动通信网刚刚起步,还远没有达到全面覆盖。因此,铱星系统开创了全球个人通信的新时代,被认为是现代通信的一个里程碑,使人类在地球上任何地方都可以相互联络。

铱星系统虽然科技含量很高,但由于其一系列致命缺点,例如价格昂贵、室内无法使用、终端过于笨重而使用不便、通信质量不佳等,在通信市场上遭受了"冷遇"。系统用户最多时才 5.5 万户,而据估算它必须发展到 50 万用户才能盈利。由于巨大的研发费用和系统建设费用,铱星系统背上了沉重的债务负担,整个铱星系统耗资达 50 多亿美元,每年仅系统的维护费就要几亿美元。2000 年 3 月,铱星系统背负 40 多亿美元的债务正式破产。铱星系统在 2001 年接受新注资后"起死回生",目前美国军方是其主要客户。

6.4.2 全球星系统

全球星系统是由美国劳拉公司和高通公司倡导并研发的卫星移动通信系统。全球星系统用 48 颗低轨道卫星在全球范围(不包括南北极)向用户提供无缝隙覆盖的、低价的卫星移动通信业务,其业务包括语音、传真、数据、短信息、定位等。用户可使用双模式手持机。双模式手持机既可工作在地面蜂窝通信模式(目前手持机的工作模式),也可工作在卫星通信模式(在地面蜂窝网覆盖不到的地方)。这样,用户"一机在手",可实现全球范围内任何地点、任何个人在任何时间与任何人以任何方式通信,即所谓的全球个人通信。全球星系统采用低轨卫星通信技术和 CDMA 技术,能确保良好的语音质量,增强通话的保密性和安全性,且用户感觉不到时延。连贯的多重覆盖和路径分集接收使全球星系统在有可能产生信号遮挡的地区提供不间断服务。全球星系统是一种非迂回网络,它对当时的通信系统的本地、长途、公用和专用电信网络是一种延伸、补充和加强,而不是与它们竞争。全球星系统没有星际链路,无须星上处理,从而大大降低了系统投资费用，而且避免了许多技术风险。当然，星体设计的简单使得系统必须建很多关口站，在全球需建 100～150 座。

全球星系统主要由 3 部分组成：空间段、地面段、用户段。系统馈线链路使用 C 频段，关口站到卫星上行链路使用 5091～5250MHz，卫星到关口站下行链路使用 6875～7055MHz。全球星系统用户链路使用 L 频段、S 频段，用户终端到卫星上行链路使用 1610～1626.5MHz，卫星到用户终端下行链路使用 2483.5～2500MHz。卫星 L 频段和 S 频段天线均由 16 个波束组成。L 频段和 S 频段的频道间隔为 1.23MHz。

全球星业务可广泛应用于石油、远洋、应急、新闻、科学考察、野外勘测、旅游等领域。在我国，1349 是"全球星"卫星移动电话的号段，用户也可用固话或手机直拨卫星电话。

6.4.3　海事卫星通信系统

海事卫星通信系统是使用通信卫星作为中继站的船舶无线电通信系统，是集全球海上常规通信、遇险与安全通信、特殊与战备通信于一体的实用性高科技产物。海事卫星系统的推出，极大地改善了海事、航空领域通信的状况，在陆地上对于满足灾害救助、应急通信、探险等特殊通信需求起到了巨大的支持保障作用，因而发展迅速。

美国于 1976 年先后向大西洋、太平洋和印度洋上空发射了 3 颗海事通信卫星，建立了世界上第一个海事卫星通信站，主要服务于海军。1979 年 7 月，国际海事卫星组织（International Maritime Satellite Organization，INMARSAT）成立 。1982 年国际海事卫星通信系统建立，成为第一代国际海事卫星通信系统。

海事卫星系统由 INMARSAT 运营，总部设在英国伦敦，我国在 1979 年加入该组织。经过 40 多年的发展，全球使用 INMARSAT 的国家超过 160 个，用户已超过 16 万，我国有 6000 多名用户。第四代 INMARSAT 系统共 3 颗同步卫星，于 2008 年 8 月完成全部发射。海事卫星系统突出的特点是星上装有一个 20m 口径的相控阵多波束可展开天线，有一个全球波束、19 个宽点波束和 228 个窄点波束。其中全球波束用于信令和一般数据传输，宽点波束用于支持以前的业务，窄点波束用于实现新的宽带业务。

海事卫星系统由卫星、网络协调站、岸站和船站组成。下面简要介绍各部分的工作特点，如图 6-11 所示。图中卫星与船站之间采用 L 频段（波长 0.5～0.75cm）的微波通信，卫星与岸站之间采用 C 频段（波长 30～60cm）的微波通信。

1. 卫星

海事卫星系统采用了 4 颗第三代卫星和 5 颗备用卫星，按四大洋区，（大西洋东区、大西洋西区、太平洋区和印度洋区）分布。在每个洋区上均有一颗第三代卫星，另有一颗第三代卫星备用，还有 4 颗第二代卫星由于容量相对较小，已转为备用。

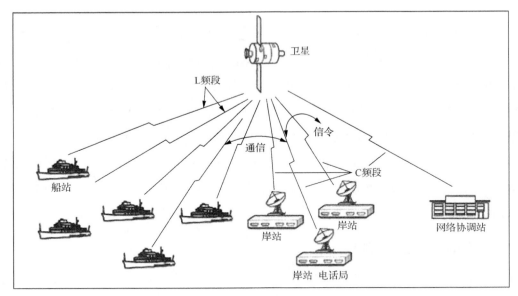

图 6-11　海事卫星系统

2. 网络协调站

网络协调站中心位于英国伦敦，它的任务是监视、协调和控制海事卫星网络中所有卫星的工作运行情况。每个洋区分别有一个岸站兼作网络协调站，该站作为接线员对本洋区的船站与岸站之间的电话和电传信道进行分配、控制和监视。

3. 岸站

岸站是设在海岸边上的地球站，基本作用是经由卫星与船站进行通信，并为船站提供国内或国际网络的接口。岸站是双频工作方式（C 频段和 L 频段），C 频段用于语音，L 频段用于数据。

4. 船站

船站是设在船上的地球站，是系统中的终端系统。用户可通过所选的卫星和地面站与对方进行双向通信，使用 L 频段。

习题

1. 简述微波通信的概念和特点。

2. 简述微波通信设备的基本组成。

3. 简述数字微波中继通信系统的主要节点功能。

4. 简述卫星通信的特点。

5. 通信卫星常用哪几种绕地轨道？

6. 简述卫星通信系统的组成。

7. 简述卫星通信的发展历史。

8. 分析铱星系统失败的原因和教训。

07 第 7 章 物联网通信技术

物联网技术在当今得到飞速发展，未来社会中万物互连的概念已经被广泛认可。物联网技术大致包括通信技术、传感器技术和自动控制技术 3 个方面。本章主要介绍物联网通信技术，首先介绍物联网的概念和体系架构，接着重点介绍在物联网中广泛使用的各类通信技术。

7.1 物联网的概念

物联网的概念起源于 20 世纪末。2005 年 11 月，ITU 发布了《ITU 互联网报告 2005：物联网》，正式提出了物联网的概念。关于物联网的一个简洁的定义：物联网是一个基于互联网、传统电信网等信息承载体，让所有能够被独立寻址的普通物理对象实现互连互通的网络。物联网的英文名称为"the Internet of Things"，简称 IoT。由该名称可见，物联网就是"物物相连的互联网"。这有两层意思：第一，物联网的核心和基础仍然是互联网，是在互联网基础之上的延伸和扩展的一种网络；第二，其用户端延伸和扩展到了任何物品与物品之间，进行信息交换和通信。

物联网的定义并不是唯一的，还有很多不同的定义，这主要是由于物联网的理论体系尚未完全建立，业界对其认识还不够深入。另外，由于物联网与互联网、移动通信网、传感网等都有密切关系，不同领域的研究者对物联网思考的出发点和落脚点各异，短期内还未达成共识，因此还未形成一个被广泛接受认可的物联网定义。

关于物联网还可以从以下两方面来理解。

（1）狭义理解：物联网是物品之间通过网络连接起来的局域网，无论接入互联网与否，只要具有感、传、知、行这 4 个环节，都属于物联网的范畴。

（2）广义理解：物联网是一个未来发展的愿景，等同于"未来的互联网"，能够实现人在任何时间、地点，使用任何网络与任何人与物的信息交换，以及物与物之间的信息交换。

7.2　物联网体系架构

物联网虽然形式多样、技术复杂、覆盖面广，但是根据数据采集、传输、处理和应用的流程，通常可以把物联网分为 4 层体系架构，如图 7-1 所示。层次从下到上依次为感知识别层、网络构建层、管理服务层和综合应用层。

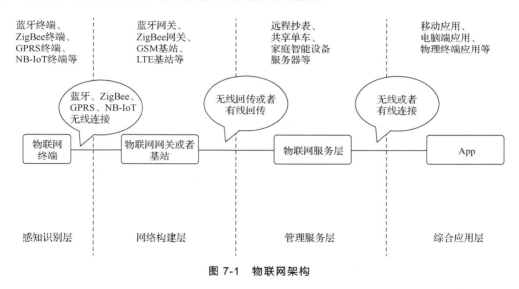

图 7-1　物联网架构

1. 感知识别层

感知识别层位于物联网架构的最底端，是所有上层结构的基础。在这个层面上，成千上万个不同种类的传感器或者阅读器被安放在物理物体上，例如压力传感器、光强传感器、声音传感器等，或者采用条形码、语音识别、射频识别（Radio Frequency Identification，RFID）等的设备。通过这些信息生成设备，既包括 RFID 设备、无线传感器、摄像头等信息自动生成设备，也包括智能手机、笔记本电脑等用来人工生成信息的各种智能电子设备感知和生成信息。信息生成方式呈现多样化，这是物联网区别于其他网络的重要特征。

2. 网络构建层

感知到了信息，将这些信息发送出去就要通过网络构建层。

网络是物联网最重要的基础设施之一。网络构建层在物联网架构中连接感知识别层和管理服务层，具有纽带作用。它负责向上层传输感知信息和向下层传输命令，简而言之就是传输数据。这个层面利用了互联网、无线宽带网、无线低速网络、移动通信网络等各种网络传递海量的信息。

互联网是网络构建层的核心，处在边缘的各种无线网络则为物联网提供随时随地的网络接入服务，主要涉及窄带物联网（Narrow Band Internet of Things，NB-IoT）、基于LTE 演进的物联网技术（Enhance Machine Type Communication，eMTC）、Wi-Fi、蓝牙（Bluetooth）、ZigBee、近场通信（Near Field Communication，NFC）等通信技术。各种不同类型的无线网络接入方式适用于不同的网络设备与应用场景，合力提供便捷的网络接入方式，是实现物物互连的重要基础设施。

3. 管理服务层

管理服务层负责将大规模数据高效、可靠地组织起来，实现数据的存储、查询、分析、处理、数据安全与隐私保护等功能，为上层行业应用提供智能的支撑平台。简而言之，这个层面就是把收集到的信息进行有效整合和利用，而这个层面往往就是物联网的精髓所在，是物联网智慧的源泉。有了丰富翔实的数据，运用运筹学理论、机器学习、数据挖掘、专家系统等手段，可以得到海量数据中隐藏的大量有价值的信息。

4. 综合应用层

综合应用层是指物联网技术在各行各业中的应用，物联网丰富的内涵催生出更加丰富的外延应用。

物联网技术使网络应用从早期的以数据传输为主要特征的文字传输、电子邮件，到以用户为中心的应用，如万维网、电子商务、视频点播、在线游戏、社交网络等，发展到物品追踪、环境感知、智能物流、智能交通智能电网等行业应用。这些应用基于感知识别层收集到的、网络构建层传输的、管理服务层挖掘利用的信息，然后通过把特定信息反馈给基层物体完成指定命令来实现。

物联网通信技术以传输距离来分类，可分为两种：一种是短距离通信技术，另一种是广域网通信技术，典型应用如低功耗广域网（Low-Power Wide-Area Network，LPWAN）。

7.3 短距离无线通信技术

短距离无线通信不存在严格的定义，它的应用范围很广泛。通过无线电波传输信息的通信双方传输距离限制在较小范围内，就可以称为短距离无线通信。短距离无线通信技术有 3 个显著特点：第一个特点是低成本，工作频率是免费的 ISM 频段；第二个特点是低功耗，无线发射器的发射功率一般在 100mW 内；第三个特点是对等通信，通信距离大多在几十米或百米。

目前在物换网中使用较广泛的短距离无线通信技术有 RFID、蓝牙、Wi-Fi、IrDA（Infrared Data Association，红外数据传输）、ZigBee、NFC 等，同时还有一些具有发展潜力的短距离无线通信技术，例如超宽频（Ultra WideBand）、Z-Wave 等。它们都有其立足发展的特性，或基于传输速度、距离、耗电量的特殊要求，或着眼于功能的扩充性，或符合某些单一应用的特别要求，或形成竞争技术的差异化等，但是没有一种技术完美到可以满足所有的需求。

下面介绍 3 种常见的短距离无线通信技术：RFID、蓝牙和 ZigBee。

7.3.1 RFID 技术

1. RFID 技术简介

RFID 技术是自动识别技术的一种。RFID 技术是通过无线射频方式进行非接触双向数据通信，自动对目标物体加以识别然后获取相关信息的一种无线通信技术。它将射频识别技术、微电子及集成电路（Integrated Circuit，IC）卡技术相互结合，利用无线射频的方式对记录媒体进行读写，从而识别目标之后完成数据交换。从 20 世纪 90 年代开始，我国的 RFID 技术开始慢慢起步，目前已经非常普及。

RFID 技术可以完成对运动中的物体的快速识别和多个物体的识别，识别的距离从几十厘米到几十米。因为 RFID 技术独特的读写方式，可以输入数千字节的自定义信息到电子标签，间接管理产品上附带的电子标签所包含的信息。RFID 技术不需要接触，识别工作不需要人工参与，因此保密程度非常高。RFID 电子标签和人们一般生活中的使用的卡不同，它很容易隐藏，不容易被损坏，因此使用寿命极长，可以适应各种复杂的环境并能很好地发挥作用。

正因为上述的诸多特点，RFID 技术在世界范围内得到了广泛的应用，主要包括商品防伪领域、交通运输行业、工业、人脸及指纹识别、管理行业（如小区安全管理、后勤仓库管理、图书管理、医疗卫生管理等）、国防和军事等诸多方面。它还涉及电子通信技术、材料科学、微波技术、计算机软件、印刷技术、芯片制造等许多领域，综合性强，可广泛应用，与我们的生活有千丝万缕的关系。

2. RFID 系统的构成

RFID 系统一般由读写器、电子标签、天线和主机组成，如图 7-2 所示。

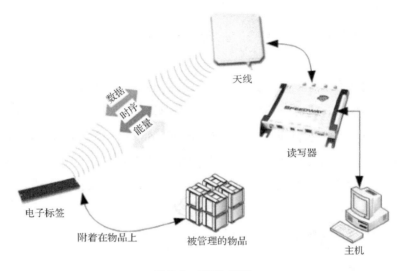

图 7-2　RFID 系统

（1）读写器

读写器是一种读写设备，是连接电子标签与主机的桥梁，可发送和接收电子标签信息，并与主机进行通信，执行主机发出的命令。所有的 RFID 系统的读写器都可以简化为两个基本功能模块：控制单元和高频接口。

（2）电子标签

电子标签是一种非接触式 IC 卡，由耦合元件和芯片组成。电子标签里面内置天线，用来和读写器上的射频天线进行通信。

电子标签通常根据有无工作电源和工作频段来划分。根据有无工作电源，电子标签可分为有源、无源和半有源 3 类，也称主动式、被动式和半主动式，不同类型的电子标签的工作原理不同。有源电子标签是向读写器发送无线电波，读写器接收到信息的同时以无线电波的形式反馈，将新的信息写入电子标签，从而完成数据间的交换，工作频率很高。有源电子标签的识别距离是 100 m 之内，使用寿命为 2～4 年，价格高。无源电子标签是在内部内置微型天线，在读写器的工作区域内，收到读写器发出的电磁波，再利用磁电互感原理产生感应电流并发出电磁波信号，从而进行数据的交换，工作频率较低。无源标签的识别范围在 3～5m，使用寿命比较长，价格也比有源标签低很多。目前我们生活中常见的电子标签基本是无源的，半有源标签分为高频和低频两个工作频段。

（3）天线

天线主要起着在读写器和电子标签之间传递信号的作用，天线的尺寸和材料直接影响读写器的识别距离、识别速度与识别准确度。

（4）主机

主机是后台控制单元，用于发送用户指令、接收和处理电子标签数据等。

RFID 系统的工作流程并不复杂，具体流程如下：主机通过与读写器的数据传输通道发送用户指令；读写器接收到用户发出的指令，对信号进行编码和调制后，通过发射天线发送出去；然后电子标签接收到读写器发出的射频信号，利用磁电互感原理产生感应电流获得能量，完成数据的存储、发送或其他操作；读写器通过天线接收到电子标签返回的数据，随后进行解码和调制，并将处理后的数据发送给主机；主机收到读写器返回的数据，最后提醒工作人员进行相关的处理。

RFID 系统根据工作频率的不同可以分为低频、高频、超高频及微波系统，不同频率的 RFID 系统的工作原理、特性、应用环境有所不同。

3. RFID 系统的特点

通常来说，RFID 系统具有如下特性。

（1）适用性：RFID 技术依靠电磁波，并不需要连接双方的物理接触。这使得它能够无视尘、雾、塑料、纸张、木材及各种障碍物，直接建立连接，完成通信。

（2）高效性：RFID 系统的读写速度极快，一次典型的 RFID 传输过程通常不到 100ms。高频段的 RFID 阅读器甚至可以同时识别、读取多个标签的内容，极大地提高了信息传输效率。

（3）独一性：每个 RFID 电子标签都是独一无二的，通过 RFID 电子标签与产品的一一对应关系，可以清楚地跟踪每一件产品的后续流通情况。

（4）简易性：RFID 电子标签结构简单，识别速率高、所需读取设备简单。

7.3.2　蓝牙

蓝牙技术是爱立信、诺基亚、东芝、IBM 和英特尔 5 家公司于 1998 年 5 月联合发布的一种无线通信技术。它是一种支持设备短距离通信（一般 10m 内）的无线通信技术，能在包括移动电话、无线耳机、笔记本电脑、相关外设等众多设备之间进行无线信息交换。蓝牙工作在全球通用的 2.4GHz ISM 频段，使用 IEEE 802.11 协议。

1. 蓝牙技术的特点

蓝牙技术及蓝牙产品的特点如下。

（1）蓝牙技术的适用设备多，无须使用电缆，通过无线电进行通信。

（2）蓝牙技术的工作频段全球通用，适合全球范围内用户无界限地使用。蓝牙技术产品使用方便，利用蓝牙设备可以搜索到另外一个使用蓝牙技术的产品，迅速建立起两个设备之间的联系，在控制软件的作用下，可以自动传输数据。

（3）蓝牙技术的安全性和抗干扰能力强。由于蓝牙技术具有跳频的功能，有效避免了 ISM 频带遇到干扰源的情况。此外，蓝牙技术的兼容性较好，目前，蓝牙技术已经能够发展成为独立于操作系统的一项技术，实现了各种操作系统中良好的兼容性能。

（4）传输距离较短：现阶段，蓝牙技术的主要工作距离在 10m 左右。经过增加射频功率后的蓝牙产品可以在 100m 的范围内进行工作。

（5）通过调频扩频技术进行传播：蓝牙技术在实际应用期间，可以对原有的频点进行划分、转化。如果采用跳频速度较快的蓝牙技术，那么整个蓝牙系统中的主单元都会通过自动跳频的形式进行转换。

2. 蓝牙系统组成

蓝牙系统由 3 个部分组成，具体如下。

（1）底层硬件模块

蓝牙技术系统中的底层硬件模块由基带单元、无线射频单元和链路管理单元组成。其中，基带部分的功能是完成数字信号处理，并实现基带协议和其他底层链路功能。无线射频单元使用的频段是不需要授权的 ISM 频段，主要是 2.4GHz，实现数据流的射频收发。链路管理单元实现了链路建立、连接和拆除的控制。

（2）中间协议层

蓝牙系统中的中间协议层主要包括了服务发现协议、逻辑链路控制和适应协议、电话通信协议、串口仿真协议这 4 个部分。服务发现协议的作用是提供上层应用程序使用网络中的服务的机制。逻辑链路控制和适应协议负责数据拆装、复用协议和控制服务质量，是其他协议层作用实现的基础。

（3）高层应用

在蓝牙系统中，高层应用是位于协议层最上部的框架部分。蓝牙技术的高层应用主要有文件传输、网络、局域网访问等。不同种类的高层应用是由相应的应用程序通过一定的应用模式实现的一种无线通信。

蓝牙技术从 1.1 版本开始，到目前已经发展到了 5.x 版本，传输速率从最初的 748～

810kbit/s，发展到了 2Mbit/s，传输距离从最初的 10m 发展到了现在的 300m，而且在功耗、配对流程、物联网支持性能、导航、位置性能等各方面都逐步完善和提升，在局域物联网方面将会得到广泛的应用。

3. 基于蓝牙的物联网架构

基于蓝牙的物联网会采用点对点的通信方式，即在智能设备和物联网服务器之间部署蓝牙网关，如图 7-3 所示。

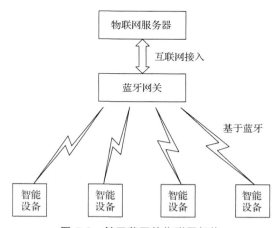

图 7-3　基于蓝牙的物联网架构

还有一种场景是针对不需要一直在线的智能设备，而只是在某种特殊需求的情况下，才需要连上服务器。这种场景中，我们可以通过手机的蓝牙功能来让智能设备接入互联网，如图 7-4 所示。蓝牙手环就是这种架构的一种典型应用。

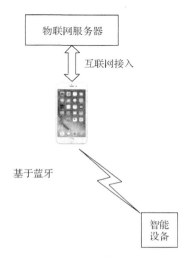

图 7-4　手机蓝牙通信

7.3.3　ZigBee

ZigBee 技术是一种近距离、低复杂度、低功耗、低速率、低成本的双向无线通信技术，它主要用于距离短、功耗低且传输速率不高的各种电子设备之间的数据传输，以及用于周期性数据、间歇性数据和低反应时间数据的传输。它被广泛应用于物联网和智能硬件领域。

ZigBee 技术基于 IEEE 802.15.4 标准发展而来，这个标准定义了 ZigBee 技术支持的应用服务，并且定义了网络的无线协议、通信协议、安全协议和应用需求等方面的标准。ZigBee 技术的有效转播速率可以达到 300kbit/s。

1．ZigBee 的结构

与计算机通信的模式类似，ZigBee 的网络协议是分层结构。ZigBee 的结构分为 4 层，分别是物理层、MAC 层、网络/安全层和应用/支持层。其中应用/支持层与网络/安全层由 ZigBee 联盟定义，而 MAC 层和物理层由 IEEE 802.15.4 标准定义。

（1）物理层：作为 ZigBee 协议结构的最底层，物理层提供最基础的服务，为 MAC 层提供的服务如数据的接口等。

（2）MAC 层：负责不同设备之间无线数据链路的建立、维护、结束、确认的数据传送和接收。

（3）网络/安全层：保证数据的传输和数据的完整性，还可对数据进行加密。

（4）应用/支持层：根据设计目的和需求使多个器件之间进行通信。

2．ZigBee 的工作频率

ZigBee 的工作频率有下面 3 种标准：

- 工作频率为 868 MHz，传输速率为 20 kbit/s，适用于欧洲；
- 工作频率为 915 MHz，传输速率为 40 kbit/s，适用于美国；
- 工作频率为 2.4 GHz，传输速率为 250 kbit/s，全球通用。

目前我国主要使用 2.4GHz 的工作频率，其带宽为 5MHz，有 16 个信道，采用直接扩频方式的 OQPSK（Offset-QPSK，偏置四相相移键控）调制技术。而基于 IEEE 802.15.4 的 ZigBee 在室内通常能达到 30～50m 的作用距离，在室外如果障碍物少，甚至可以达到 100m 的作用距离。

3．ZigBee 技术的优势

（1）功耗低：在低耗电待机模式下，两节普通 5 号干电池可使用 6 个月以上。

（2）成本低：因为 ZigBee 数据传输速率低，协议简单，所以大大降低了成本。

（3）网络容量大：每个 ZigBee 网络最多可支持 65 535 个设备，也就是说每个 ZigBee 设备可以与另外 254 台设备相连接。

（4）时延小：ZigBee 针对时延敏感的应用做了优化，通信时延和从休眠状态激活的时延都非常小。

（5）可靠：采用了碰撞避免机制，同时为需要固定带宽的通信业务预留了专用时隙，避免了发送数据时的竞争和冲突。

（6）安全：ZigBee 提供了数据完整性检查和鉴权功能，加密算法采用 AES-128，同时可以灵活确定各个应用的安全属性。

4. ZigBee 的物联网架构

ZigBee 接入网络依赖 ZigBee 网关，该网关本身也是 ZigBee 设备，ZigBee 设备是自组网的，如图 7-5 所示。在使用过程中要注意数据量的问题，设备能力和功耗本身是自相矛盾的，由于 ZigBee 是超低功耗方案，故在通信能力上也是打折扣的，很适合一些传感器数据的采集，如温度、湿度，但是对大数据量的视频类的数据采集就不适用了。

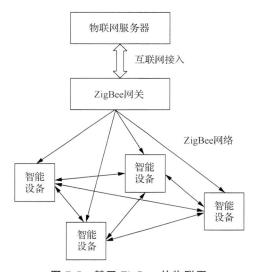

图 7-5　基于 ZigBee 的物联网

7.4　低功耗广域物联网通信技术

物联网希望通过通信技术将人与物、物与物进行连接，但是在物联网的覆盖范围中采用的各种技术相差较大。在某些场景，例如智能家居、工业数据采集等通信场景，一般采用短距离通信技术，但对于大范围、远距离的连接则需要远距离通信技术。

提到远距离无线通信，我们首先想到的是移动蜂窝通信技术，它也可以用于物联网通信。目前全球电信运营商已经构建了覆盖全球的移动蜂窝网络，虽然 2G、3G、4G 等蜂窝网络覆盖距离远，但基于移动蜂窝通信技术的物联网设备有功耗大、成本高等劣势。

根据权威的分析报告，当前全球真正承载在移动蜂窝网络上的物与物的连接仅占连接总数的 6%。如此小的比例，主要原因在于当前移动蜂窝网络的承载能力不足以支撑物与物的连接。因此，为满足越来越多远距离物联网设备的连接需求，LPWAN（Low-Power Wide-Area Network，低功耗广域网）产生了，LPWAN 专为窄带宽、低功耗、远距离、大量连接的物联网应用而设计。

LPWAN 可分为两类：一类是工作于未授权频谱的 LoRa、SigFox、RPMA（Random Phase Multiple Access，随机相位多路访问）等技术；另一类是工作于授权频谱下，3GPP 支持的 2G/3G/4G 蜂窝通信技术，例如 EC-GSM（Extended Coverage-GSM，扩展覆盖 GSM 技术）、NB-IoT、eMTC 等。这些技术使用的频谱和速率情况如图 7-6 所示。

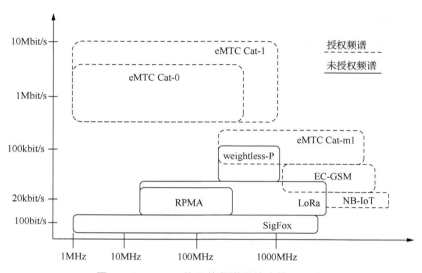

图 7-6　LPWAN 使用的频谱和速率情况示意

下面我们对应用比较广泛的或者应用前景较好的 LoRa、NB-IoT 和 eMTC 进行介绍。

7.4.1　LoRa

LoRa 是一种基于扩频技术的远距离无线传输技术，是诸多 LPWAN 通信技术中的一种，最早由美国 Semtech 公司采用和推广。该技术为用户提供一种简单的能实现远距离、低功耗的无线通信手段。

LoRa 基于宽带线性调频（Chirp Spread Spectrum，CSS），在保持低功耗的同时极大地增加了通信范围，且 CSS 技术已经被军事和空间通信所广泛采用了数十年，具有传输距离远、抗干扰性强等特点。此外，LoRa 技术不需要建设基站，一个网关便可控制较多设备，并且布网方式较为灵活，可大幅度降低建设成本。

LoRa 因其功耗低、传输距离远、组网灵活等诸多特性与物联网碎片化、低成本、大连接的需求十分的契合，因此被广泛部署在智慧社区、智能家居和楼宇、智能表计、智慧农业、智能物流等多个垂直行业，前景广阔。

1. LoRa 的特性

（1）传输距离：城镇中为 2~5km，郊区可达 15km。

（2）工作频率：工作于 ISM 频段，包括 433MHz、868MHz、915MHz 等。

（3）标准：IEEE 802.15.4g。

（4）调制方式：基于扩频技术，是线性调制扩频 CSS 的一个变种，具有前向纠错（Forward Error Correction，FEC）能力。

（5）容量：一个 LoRa 网关可以连接成千上万个 LoRa 节点。

（6）电池寿命：长达 10 年。

（7）安全：支持 128 位密钥高级加密标准（Advanced Encryption Standard 128，AES128）加密。

（8）传输速率：每秒几十到几百千比特，速率越低，传输距离越长。

2. LoRa 基本网络架构

LoRa 网络由若干终端负责采集底层数据，通过 LoRa 通信链路把数据发送到 LoRa 网关，再通过网关发送到 LoRa 网络服务器，LoRa 网络服务器再把数据发给 App，如图 7-7 所示。网关和终端之间采用星形拓扑，由于 LoRa 的长距离特性，它们之间可以使用

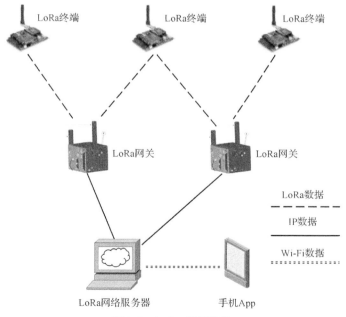

图 7-7　LoRa 组网架构

单跳传输。终端上可以运行例如宠物追踪、水表测量计、自动售货机、烟感、垃圾桶、气体监测器等各种物联网应用。网关则对网络服务器和终端之间的 LoRa WAN 协议数据做转发处理，将 LoRa WAN 数据分别承载在 LoRa 射频传输和 TCP/IP 上。

7.4.2　NB-IoT

NB-IoT 是华为公司与沃达丰公司共同主导的 LPWAN 组网技术，是基于 LTE 的技术。NB-IoT 工作于授权频谱下，并被 3GPP 的 2G/3G/4G 蜂窝通信技术支持。

1. NB-IoT 的技术规格

（1）系统带宽：180kHz。

（2）上行多址技术：单载波频分多址（Single-Carrier Frequency-Division Multiple Access，SC-FDMA），是 LTE 上行链路的主流技术。

（3）下行多址技术：正交频分多址（OFDMA），也是 LTE 中采用的通信技术。

相对于 LTE 技术而言，NB-IoT 为了降低实现的复杂性，精简了部分不必要的物理信道，其下行只有三种物理信道和两种参考信号，上行只有两种物理信道和一种参考信号。

2. NB-IoT 的优势

NB-IoT 具备如下的优势。

（1）强连接：在同一基站的情况下，NB-IoT 可以提供现有无线技术 50～100 倍的接入数量。一个扇区能够支持 10 万个连接，支持低延时敏感度，超低的设备成本，低设备功耗和优化的网络架构。

（2）高覆盖：NB-IoT 室内覆盖能力强，增益比 LTE 提升 20dB，相当于功率提升了 100 倍。不仅可以满足农村这样的广覆盖需求，对于厂区、地下车库、井盖这类对深度覆盖有要求的应用同样适用。以井盖监测为例，过去采用 GPRS 的方式需要伸出一根天线，车辆来往时极易被损坏，而 NB-IoT 只要部署得当，就可以很好地解决这一难题。

（3）低功耗：低功耗特性是物联网应用一项重要指标，特别是对于一些不能经常更换电池的设备和场合，如安置于高山荒野等偏远地区中的各类传感监测设备，它们不可能像智能手机每天都充电，长达几年的电池使用寿命是最基本的需求。NB-IoT 聚焦小数据量、低速率应用，因此 NB-IoT 设备功耗可以非常小，设备续航时间可以从过去的几个月大幅提升到几年。

（4）低成本：与 LoRa 相比，NB-IoT 无须重新建网，射频和天线基本上都是复用的。

以中国移动为例，900MHz 里面有一个比较宽的频带，只需要清出来一部分 2G 的频段，就可以直接进行 LTE 和 NB-IoT 的同时部署。低速率、低功耗、低带宽同样给 NB-IoT 芯片及模块带来低成本优势。

3. NB-IoT 的系统架构

NB-IoT 系统架构如图 7-8 所示。

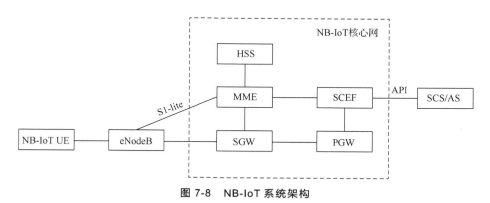

图 7-8　NB-IoT 系统架构

NB-IoT 的网络架构和 4G 网络架构基本一致，但针对 NB-IoT 优化了流程，在架构上面也有所增强。它包括 NB-IoT UE、eNode B 基站、归属用户签约服务器 HSS、移动性管理实体 MME、服务网关 SGW 和 PDN 网关 PGW。计费和策略控制功能 PCRF 在 NB-IoT 架构中并不是必需的。NB-IoT 新引入的网元包括服务能力开发功能（Service Capability Exposure Function，SCEF）、服务能力服务器（Service Capability Server，SCS）和应用服务器（Application Server，AS）。

4. NB-IoT 频率部署方式

由于 NB-IoT 在移动蜂窝网络上进行部署，面临着与移动蜂窝网络共享频率或者独享频率的问题，因此在频率的部署上有下面几种选择。

（1）独立部署：利用目前 GSM 系统占用的资源，从其中划分出一部分频率，单独给 NB-IoT 使用。

（2）保护带部署：利用 LTE 系统中边缘的保护频段。采用该模式，关键问题在于如何避免 LTE 和 NB-IoT 之间的信号干扰。

（3）带内部署：利用 LTE 载波中间的某一段频段给 NB-IoT 使用。为了避免干扰，3GPP 要求该模式下的信号功率谱密度与 LTE 信号的功率谱密度相比不得超过 6dB。

7.4.3　eMTC

eMTC 又被称为 LTE-M。eMTC 是爱立信提出的无线物联网解决方案，基于 LTE 接入技术，主要面向中低速率、低功耗、大连接、移动性强、具有定位需求的物联网应用场景。

1. eMTC 的定义

3GPP 对 MTC 的定义中，MTC 是一种数据通信形式，它涉及一个或多个不需要人机交互的实体。与传统的移动网络通信相比，MTC 拥有更低的开销，并且还能够满足海量连接。MTC 涉及两种主要通信场景：一种是 MTC 设备与一个或多个 MTC 服务器进行通信；另一种是 MTC 设备与设备之间进行通信。

2. eMTC 的优势

eMTC 具备 LPWAN 基本的四大能力：一是广覆盖，在同样的频段下，eMTC 比现有的网络有 15dB 的增益，极大地提升了 LTE 网络的深度覆盖能力；二是具备支撑海量连接的能力，eMTC 一个扇区能够支持近 10 万个连接；三是低功耗，eMTC 终端模块的待机时间可长达 10 年；四是较低的模块成本，大规模的连接将会带来模组芯片成本的快速下降。

除此之外，eMTC 还具有四大优势：一是速率高，eMTC 支持上下行最大 1Mbit/s 的峰值速率，远远超过 GPRS、ZigBee、NB-IoT 等技术的速率，eMTC 更高的速率可以支撑更丰富的物联应用，如低速视频、语音等；二是移动性，eMTC 支持连接态的移动性，物联网用户可以无缝切换保障用户体验；三是可定位，基于 TDD 的 eMTC 可以利用基站侧的测量报告，在无须新增全球定位系统芯片的情况下就可进行位置定位，低成本的定位技术更有利于 eMTC 在物流跟踪、货物跟踪等场景的普及；四是支持语音，eMTC 从 LTE 协议演进而来，可以支持长期演进语音承载（Voice over Long-Term Evolution，VoLTE），可被广泛应用到可穿戴设备中。

3. eMTC 部署

eMTC 需要在 LTE 网络上部署，根据和 LTE 是否共用小区系统带宽，分为共同部署和独立部署。

共同部署是指 eMTC 与 LTE 共享小区系统带宽资源。小区频谱资源划分为若干窄带，且窄带之间不重叠。eMTC 终端和 LTE 端共享窄带资源，但是一个 eMTC 终端只能使用一个窄带资源，不同 eMTC 终端可以使用不同的窄带资源。

独立部署是指为 eMTC 划出一个专用的频谱资源，小区系统带宽仅给 eMTC 终端使用，只为 eMTC 终端服务，LTE 终端不可接入。

共同部署时 eMTC 用户和普通 LTE 用户之间无线资源共享，系统可以根据两种用户的需求灵活动态分配无线资源，从而最大化利用 LTE 网络无线资源，进一步节省建网投资。独立部署更适合有碎片频谱资源的运营商部署，如额外的 1.4MHz 或 3MHz 频谱。

核心网的选择有两种方案：一种方案是接入现有 LTE 核心网，另一种方案是接入物联网专用核心网。

（1）eMTC 接入现有 LTE 核心网，LTE 核心网可通过软件升级支持 eMTC，实现快速部署 eMTC 及功能开通，同时节省网络投资。但是 LTE 核心网与物联网业务模型不同，不完全分离，eMTC 海量连接会对现有核心网造成冲击，影响现有 LTE 用户体验。此外核心网还要和物联网平台进行对接，对现网影响较大，例如将增大网络复杂度。

（2）eMTC 接入物联网专用核心网，可实现 LTE 核心网和物联网业务完全分离，对现网无影响和改造。但是需要在 eNode B 侧区分用户类型以接入相应的核心网。

7.4.4　NB-IoT、eMTC 及 5G mMTC 的关系

1. NB-IoT 和 eMTC 比较

长期以来，蜂窝物联网的两种基于 LTE 技术的制式 eMTC 与 NB-IoT 存在一定的竞争关系，应该选择哪种网络制式，业内一直争执不休。其实双方各有技术优势，同时又有合作的基础，并不存在最佳选择，很多时候要考虑的是谁的模组芯片成本下降更快，谁的商用化程度更高，以及谁的网络建设更完善。在 2017 年 6 月 3GPP 第 76 次全会上，业界就移动物联网技术 Rel.15 演进方向达成了相关共识:不再新增系统带宽低于 1.4MHz 的 eMTC 终端类型，不再新增系统带宽高于 200kHz 的 NB-IoT 终端类型。3GPP 这一决议，推动了移动物联网的有序发展，让 eMTC 与 NB-IoT 彻底划分了应用界限，转为了混合组网、差异化互补的合作关系。

在峰值速率上,NB-IoT 对数据速率支持较差,上下行速率最大为 250kbit/s,而 eMTC 能够达到 1Mbit/s；在移动性上，NB-IoT 只能实现小区重选，无法实现自动小区切换，因此几乎不具备移动性,而 eMTC 支持切换,并能够适应低中速的移动;在语音上,NB-IoT 不支持语音传输，而 eMTC 支持语音；在终端成本上，由于 NB-IoT 模组、芯片制式统一，其成本低于 eMTC；在小区容量上，eMTC 没有进行过定向优化，难以满足超大容量的连接需求；在覆盖广度和深度上，NB-IoT 覆盖半径比 eMTC 大 30%。

从两者的技术特征可以看出，NB-IoT 在覆盖、功耗、成本、连接数等方面性能占优，通常使用在追求更低成本、更广和更深覆盖及长续航的静态场景下；eMTC 在覆盖及模组成本方面目前弱于 NB-IoT，但其在峰值速率、移动性、语音能力方面具备优势，更适合应用在有语音通话、中带宽速率及有移动需求的场景下。两者完全可以形成互补关系。

有预测数据显示，NB-IoT 由于其低成本、广覆盖的特征，连接数量与 eMTC 是 8∶2

的比例关系。但相对来说，eMTC 网络下应用场景更加丰富，应用与人的关系更加直接，eMTC 网络环境下用户的每用户平均收入（Average Revenue Per User，ARPU）值会更高。NB-IoT/eMTC 混合组网后，将涉及更多交互协同类的物联网应用，如产品全流程管理、智能泊车、共享单车、融资租赁、智慧大棚、动物溯源、林业数据采集、远程健康、智能路灯、空气监测、智能家庭等。

2. 5G mMTC 和 NB-IoT、eMTC

4G 技术定义初期，并没有把物联网的需求纳入考虑范围，因此业界后来在 LTE 基础上发展出 NB-IoT 和 eMTC。5G 则与 4G 不同，定义了三大应用场景，其中的 mMTC 应用场景，就是针对物联网的应用场景，已把物联网应用的需求纳入考虑。因此，mMTC 不是类似 NB-IoT、eMTC 的技术标准，而是能够达到关键性能指标要求的物联网应用的场景。

ITU 定义了 mMTC 的 4 个关键性能指标。

（1）在覆盖上，mMTC 要求有 164dB 的最大耦合损耗，NB-IoT 接近这个要求，但是 eMTC 差距较大。

（2）在时延上，mMTC 要求在 164dB 的最大耦合损耗条件下，不超过 10s 的延迟。NB-IoT 考虑到下行物理信道的周期约束几乎不能满足小于 10ms 的等待时间，eMTC 虽然可以通过减少信令流量来抵消延时，但是也无法达到要求。

（3）在电池寿命上，mMTC 要求超过 10 年的 UE 电池寿命，争取达到 15 年。

（4）在连接密度上，mMTC 要求每平方千米要达到 100 万个设备；NB-IoT 虽然在大多数载波下，连接密度目标可以达到，但包到达率太低；而 eMTC 即使进一步提升频谱效率也很难达到。

由以上指标可知，NB-IoT、eMTC 技术无法应对 5G 的 mMTC 应用场景。在 5G 发展的前期，NB-IoT 和 eMTC 会继续应用于物联网，但是随着 5G 网络切片技术、NOMA（Non-Orthogonal Multiple-Access，非正交多址接入）等新技术的应用，mMTC 技术逐渐成熟，物联网各种应用会逐渐应用 5G 技术，从而真正实现万物互连。

习题

1. 简述物联网的概念。

2. 简述物联网的体系架构。

3. 简述几种短距离无线通信技术。

4. 说出几种广域物联网通信技术。

5. 说出几种应用蓝牙技术的设备名称。

6. LoRa 的技术的特性包括哪几个方面?

7. NB-IoT 在系统架构上和 LTE 有什么不同?

8. eMTC 有哪两种部署方式?

缩略语

简写	英文全称	中文翻译
5G	The 5th-Generation	第五代移动通信技术
5GC	The 5th-Generation Core	5G 核心网
5G-EIR	5G Equipment Identity Register	5G 设备识别寄存器
AAU	Active Antenna Unit	基站有源天线单元
ACK	Acknowledgement Character	确认字符
AF	Application Function	应用功能
AMF	Access and Mobile Management Function	接入和移动管理功能
AMPS	Advanced Mobile Phone System	高级移动电话系统
AR	Augmented Reality	增强现实
ARP	Address Resolution Protocol	地址解析协议
ASK	Amplitude Shift Keying	幅移键控
ATM	Asynchronous Transfer Mode	异步传输模式
AUSF	Authentication Server Function	认证服务器功能
BICCP	Bearer Independent Call Control Protocol	与承载无关的呼叫控制协议
BSC	Base Station Controller	基站控制器
BSIC	Base Station Identity Code	基站识别码
CAMEL	Customized Applications for Mobile Network Enhanced Logic	移动网络增强逻辑的定制化应用
CapEx	Capital Expenditure	资本性支出
CDMA	Code Division Multiple Access	码分多址
CGI	Cell Global Identifier	小区全球标识
CMIP	Common Management Information Protocol	通用管理信息协议

简写	英文全称	中文翻译
CoMP	Coordinated Multiple Points	多点协作
CP-OFDM	Cyclic Prefix OFDM	循环前缀正交频分复用
CPRI	Common Public Radio Interface	通用无线协议接口
DAB	Digital Audio Broadcasting	数字音频广播
DHCP	Dynamic Host Configuration Protocol	动态主机配置协议
DN	Data Network	数据网络
DNS	Domain Name Service	域名服务
DVB	Digital Video Broadcasting	数字视频广播
eCPRI	enhance Common Public Radio Interface	增强通用无线协议接口
EDFA	Erbium-Doped Fiber Amplifier	掺铒光纤放大器
EDGE	Enhanced Data Rate for GSM Evolution	增强型数据速率 GSM 演进技术
eMBB	enhanced Mobile BroadBand	增强移动宽带
EPC	Evolved Packet Core	演进型分组核心网
EPS	Evolved Packet System	演进型分组系统
FDD	Frequency Division Duplex	频分双工
FDMA	Frequency Division Multiple Access	频分多址
FQDN	Fully Qualified Domain Name	完全限定域名
FSK	Frequency Shift Keying	频移键控
FTP	File Transfer Protocol	文件传输协议
Full-HD	Full High Definition	全高清
GERAN	GSM EDGE Radio Access Network	GSM EDGE 无线接入网
gNB	gNodeB	5G 基站
gNB-CU	gNB-Centralized Unit	集中式单元
gNB-DU	gNB-Distributed Unit	分布式单元
GPRS	General Packet Radio Service	通用分组无线服务
GSM	Global System for Mobile Communication	全球移动通信系统
GUTI	Globally Unique Temporary UE Identity	全球唯一临时 UE 标识
HLR	Home Location Register	归属位置寄存器
HPLMN	Home Public Land Mobile Network	归属公用陆地移动网络
HTTP	HyperText Transfer Protocol	超文本传送协议

简写	英文全称	中文翻译
ICMP	Internet Control Message Protocol	互联网控制报文协议
IGMP	Internet Group Management Protocol	互联网组管理协议
IMAP	Internet Mail Access Protocol	交互邮件访问协议
IMEI	International Mobile Equipment Identity	国际移动设备识别码
IMS	IP Multimedia Subsystem	IP 多媒体子系统
IMSI	International Mobile Subscriber Identity	国际移动用户识别码
INAP	Intelligent Network Application Protocol	智能网应用协议
IoT	the Internet of Things	物联网
IP	Internet Protocol	互联网协议
IPX	Internetwork Packet eXchange	网际包分组交换
ISDN	Integrated Services Digital Network	综合业务数字网
ITU	International Telecommunication Union	国际电信联盟
LA	Location Area	位置区
LAN	Local Area Network	局域网
LDP	Label Distribution Protocol	标签分发协议
LDPC	Low Density Parity Check Code	低密度奇偶校验码
LED	Light Emitting Diode	发光二极管
LSP	Label Switching Path	标签交换路径
LTE	Long Term Evolution	长期演进
LTE-A	Long Term Evolution Advanced	LTE 增强
MAC	Media Access Control	媒体接入控制
MAN	Metropolitan Area Network	城域网
mMIMO	Massive Multiple-Input Multiple-Output	大规模多进多出
MEC	Mobile Edge Computing	移动边缘计算
MGW	Media Gateway	媒体网关
MIMO	Multiple Input Multiple Output	多进多出
MME	Mobility Management Entity	移动性管理实体
MMF	Multi Mode Fiber	多模光纤
mMTC	massive Machine Type of Communication	海量机器通信
MPLS	Multi-Protocol Label Switching	多协议标签交换

续表

简写	英文全称	中文翻译
MSC	Mobile Switching Center	移动交换中心
MSISDN	Mobile Subscriber International ISDN/PSTN Number	移动用户号码
MSS	Maximum Segment Size	最大报文大小
MSTP	Multi-Service Transfer Platform	多业务传送平台
MUSA	Multi-User Shared Access Technology	多用户共享接入技术
NEF	Network Exposure Function	网络开放功能
NF	Network Function	网络功能
NNTP	Net News Transfer Protocol	网上新闻传输协议
NRF	Network Repository Function	网络存储库功能
NSA	Non-Standalone	非独立组网
NSSAI	Network Slice Selection Assistance Information	网络切片选择辅助信息
NSSF	Network Slice Selection Function	网络切片选择功能
NWDAF	Network Data Analytics Function	网络数据分析功能
OAM	Operation Administration and Maintenance	操作、维护和管理
OFDM	Orthogonal Frequency Division Multiplexing	正交频分复用
ONF	Open Networking Foundation	开放网络基金会
OPEX	Operating Expenditure	运营费用
OSI	Open System Interconnect	开放式系统互连
OSNR	Optical Signal Noise Ratio	光信噪比
OTN	Optical Transport Network	光传送网
PBX	Private Branch eXchange	用户级交换机
PCF	Policy Control Function	控制策略功能
PCM	Pulse Code Modulation	脉冲编码调制
PCRF	Policy and Charging Rule Function	策略和计费规则功能
PCS	Personal Communication System	个人通信系统
PDA	Personal Digital Assistant	个人数字助理
PDC	Personal Digital Cellular	个人数字蜂窝网
PDCP	Packet Data Convergence Protocol	分组数据汇聚协议
PDH	Plesiochronous Digital Hierarchy	准同步数字体系
PDSCH	Physical Downlink Shared Channel	物理下行共享信道

续表

简写	英文全称	中文翻译
PGW	Public Data Network Gateway	公用数据网网关
PHY	Physical Layer	物理层
PLMN	Public Land Mobile Network	公共陆地移动网
Polar	Polar Code	极化码
POP3	Post Office Protocol - Version 3	邮局协议版本 3
PSK	Phase Shift Keying	相移键控
PSTN	Public Switched Telephone Network	公用交换电话网
PTN	Packet Transport Network	分组传送网
PUSCH	Physical Uplink Shared Channel	物理上行共享信道
QAM	Quadrature Amplitude Modulation	正交振幅调制
QoS	Quality of Service	服务质量
QPSK	Quadrature Phase Shift Keying	正交相移键控
RAN	Radio Access Network	无线接入网
RARP	Reverse Address Resolution Protocol	逆地址解析协议
RB	Resource Block	无线资源块
RFID	Radio Frequency Identification	射频识别
RLC	Radio Link Control	无线链路控制
RNC	Radio Network Controller	无线网络控制器
RNTI	Radio Network Tempory Identity	无线网络临时识别
RRC	Radio Resource Control	无线资源控制
RRU	Remote Radio Unit	远端射频单元
RSVP-TE	Resource ReSerVation Protocol-Traffic Engineering	基于流量工程扩展的资源预留协议
S-NSSAI	Single Network Slice Selection Assistance Information	网络切片选择协助信息
SA	Standalone	独立组网
SBA	Service Based Architecture	服务化架构
SCCP	Signal Connection Control Protocol	信令连接控制协议
SDAP	Service Data Application Unit	业务数据应用单元
SDH	Synchronous Digital Hierarchy	同步数字体系
SDN	Software Defined Network	软件定义网络
SEAF	SEcurity Anchor Function	安全锚功能

续表

简写	英文全称	中文翻译
SEPP	Security Edge Protection Proxy	安全边缘保护代理
SGW	Serving Gateway	服务网关
SIP	Session Initiation Protocol	会话初始协议
SLA	Service-Level Agreement	服务等级协议
SMF	Single Mode Fiber	单模光纤
SMTP	Simple Mail Transfer Protocol	电子邮件传输协议
SNMP	Simple Network Management Protocol	简单网络管理协议
SRS	Sounding Reference Signal	探测参考信号
SSH	Secure Shell	安全外壳
SYN	Synchronize Sequence Number	同步序列编号
TA	Tracking Area	跟踪区
TACS	Total Access Communications System	全入网通信系统技术
TBCC	Tail Biting Convolutional Code	咬尾卷积码
TCP	Transmission Control Protocol	传输控制协议
TDD	Time Division Duplex	时分双工
TDM	Time Division Multiplex	时分复用
TDMA	Time Division Multiple Access	时分多址
TD-SCDMA	Time Division - Synchronous Code Division Multiple Access	时分-同步码分多址
TLS	Transport Layer Security	安全传输层协议
TMSI	Temporary Mobile Subscriber Identity	临时移动用户标识
TSG	Technical Specification Group	技术规范制定组
UDM	Unified Data Management	统一数据管理
UDP	User Datagram Protocol	用户数据报协议
UDR	Unified Data Repository	统一数据存储库
UDSF	Unstructured Data Storage Function	非结构化数据存储功能
UE	User Equipment	用户设备
UHDTV	Ultra High Definition Television	超高清视频
UPF	User Plane Function	用户平面功能
URLLC	Ultra Reliable & Low Latency Communication	超高可靠低时延通信
VLR	Visiting Location Register	拜访位置寄存器

续表

简写	英文全称	中文翻译
VPLMN	Virtual Public Land Mobile Network	虚拟公共陆地移动网
VR	Virtual Reality	虚拟现实
WAN	Wide Area Network	广域网
WCDMA	Wideband Code Division Multiple Access	宽带码分多址
WDM	Wavelength Division Multiplexing	波分复用
WWW	World Wide Web	万维网